行こう、
どこにもなかった方法で

寺尾 玄

新潮社

導火線に火がついたのはいつだったろうか　中学生の頃か　生まれる前か

旅人／ザ・ブルーハーツ

夜の扉を開けて行こう　支配者達はイビキをかいてる

何度でも夏の匂いを嗅ごう　危ない橋を渡って来たんだ

１０００のバイオリン／ザ・ブルーハーツ

目次

装幀　加藤真由子

行こう、どこにもなかった方法で

序章　可能性

人生は、何が起こるか分からない。

私は今、家電を作る会社を経営している。昔は自分が経営者になるなんて、夢にも思わなかった。詩人か小説家になるのだとばかり思っていたのに、いつの間にこんなことになったのだろう。

今から十年後の自分は、どこにいて、何をしているのだろう。また何か、新しいものを作っているのかもしれないし、そもそも、この世にいないかもしれない。しかし、今これを想像しても、きっと無駄なのだ。どうせ当たらないだろうから。十年前の私には、現在の自分は想像できなかった。

今の会社を創業する前、私はロックスターを目指すミュージシャンだった。その前は、南ヨーロッパを一人で旅する青年だった。そしてその前は、バイクにまたがる不良少年だったし、さらにその前は両親の後を追いかける子供だった。

その子供は、かつては赤ん坊だったのだが、そのもっと前は何だったかというと、父や母の身体の中に取り込まれた有機物質だったはずだ。これを彼らが、一人の人間として産み落としてくれた。

そして彼らの一部だった有機物質は、どこから来たのかと言うと、それは彼らが食べたものだったはずだ。きっと鶏肉や野菜や魚だったのだ。

昔々、最果ての地に立っていた一本の木。その木が朽ち果てて土になり、風に舞い上がったかけらの一部が、今の私の身体の一部になっているかもしれない。短い翼で懸命に飛び立とうとした鳥たちや、薄陽の差す北海を泳いでいた魚たちの一部が、この身体を形作っているのかもしれない。

だから旅先で、ん？　ここは？　と、気になるような場所があったら、そこは、もしかしたら私たちにとっての、ゆかりの地なのかもしれない。いや、本当はこの世界全部が、私たちのゆかりの地なのだ。

そんなゆかりの地で。私たちは全員、一個分の人生を生きる。人生とは何かを、昔はよく考えていた。でも、歳を取るにつれ、それを考えなくなったのは、どうでもよくなったからではなく、考える時間がなくなってきたからだ。目の前の一大事に夢中になり、生き抜くだけで精一杯な時に、人生の意味を考えている余裕はなかった。

これまでの私の人生は多彩だった。変化に富み、いつもいつも、山あり谷ありだった。驚きと失敗の数だけは、人に負ける気がしない。平坦な道が極端に少ない、決して退屈しない人生だった。

その人生は、はたから見たら危なっかしく見えるかもしれない。いつもドキドキしながら生きていける反面、安定とは程遠い道だ。

それでも色彩豊かな人生を、うらやむ人もいるかもしれない。若い人たちが影響を受けて、自分もワイルドサイドを行きたいと思ってくれるかもしれない。

あまりお勧めはしないが、興奮と驚き続きの人生は、どうしたら生きることができるのか。その答えは、とても簡単だ。

私は、特技を持っているのだ。なぜ特技と言えるかというと、他の人たちがそれをできない時でも、私はいつもそれをできたからだ。私の特技、それは可能性の存在を完全に信じられることだ。

独りの夜にも、眩しい朝にも、必ず、それはあった。海辺の町にいても、故郷にいても、それは必ず私のとなりにあった。子供にも大人にも、金持ちにも貧乏人にも、それは等しく使えるものとして存在している。

生きている限り、可能性がなくなることは絶対にない。いつ、いかなる時も、どんな場所でも、それは光り輝いている。

私たちは、何かが不可能だと言うことはできない。なぜならまだ試していない方法があるかもしれないからだ。できないかもしれない。でも、できるかもしれない。
だからどんな試みも、それが不可能であるということを証明するのは、不可能なのだ。

一部

第一章　旅の始まり

ロマンチックな意味で使う場合、旅と旅行とは意味が違う。旅行とは、時間をかけて比較的長い距離を移動し、現実的な目的地まで行き、帰ってくるもの。目的地や移動中の行程で楽しみもあるだろう。これに対して、旅には現実的な目的地がない。そして、多くの場合、出発地点に帰ってこないし、帰ってくることができない。

その意味で、人生は旅に似ている。人生の半ばで目的地を決める者もあるだろう。目的地で人生が終わったとしたら、それはとても幸運で、かつ、偶然だ。多くの場合、そこまで着かないか、もしくは、行き過ぎてしまうだろう。残念なことに私たちにとって、未来は制御できるものではないからだ。

だから人生において現実的な目的地を定めても、ほぼ意味はない。それは行き当たりばったりというか、行き当たりびっくりの連続であり、そして当然ながら、帰ることはできない。

　そんな人生の中で。私たちは何十年経っても忘れられない光景を見る。それらは総天然色で肉体の中に残り火のように残り、今でも私たちを勇気づけたり、悲しませたりする光景だ。


　一九四五年、太平洋戦争が終わった年に、私の父は満州で生まれた。四人兄弟の末っ子だった。終戦の年に生まれ、残留孤児になりそうだったところを、十二歳年上の兄に背負われて日本まで帰ってきた。

　彼らの父親、つまり私の祖父は、当時、満州国のある大臣の秘書官をしていたといい、終戦と同時に身を隠す必要があったらしい。母親は同時期に亡くなったという。残された兄弟は、彼らだけで帰途につき、日本まで戻ってきたという説もあるし、父親と付かず離れず、現地の人たちにかくまわれながら移動したという説もある。そして、満州を出発してから帰国まで、三年の歳月がかかったという。三年？　聞き間違えかと思う歳月だ。

　満州と言えば、現在の中国東北部、黒竜江省や遼寧省のあたりで、大連という都市があり空港もあるが、今なら成田から飛行機で飛んで約三時間。この道のりに三年をかけた彼らは、いったいどんな道を歩き、どんな夜を過ごしたのだろう。

四人の兄弟は歩き続けて、途中で二番目の兄が死んだ。私の父が○歳、長男が十二歳。次男はいくつだったのだろう。兄弟はその亡がらを火葬にしようとしたという。しかし、季節は冬だった。極寒の地で、二番目の兄弟の亡がらに火をつけようとしても、燃えなかった。そこでしかたなく、鉄道のレールの横に穴を掘って埋めたという。

握り飯が凍ると言われる冬の満州だ。きっと大地も凍っていたことだろう。子供だった彼らは、どれほどの穴を掘ったのだろうか。埋めた、という話は事実とは異なっている可能性もある。泣いていただけの私の父は、その兄弟の中ではきっと最も幸運だったのだ。

兄弟は、日本に戻った後、私の祖父の故郷であった新潟県佐渡島の親戚たちの家にばらばらに預けられた。その数年後に私の祖父が仕事を得て千葉県柏市に家を構えたので、一家はそこに落ち着いた。兄弟が柏市の家に集結した時には、新しいお母さんがいた。その後、私の父は、親や兄たちに対して反発したらしい。本人に聞いたところ、理由は憶えていないが無性に腹が立っていたという。

私の父は、幼少期から思春期まで、相当に素行が悪かったそうだ。何か悪いことをしたときには、忙しかった親の代わりに長兄が学校の先生に謝り、警察署に父の身がらを引き取りに来た。自分を守り、背負って帰ってきてくれた長兄に対する恩は、忘れる以前に憶えていなかっただろう。だからそんなにも迷惑をかけることができたのだ。しかし、憶えていたところで父の行動が変わっていたかどうかは分からない。

ご存知のように、人間はまことに恩知らずな生き物だ。自分の父だから特に弁護するわけではない。父だけではなく、私にも、誰にでも、身に覚えがあるように、私たちは恩知らずだ。

千葉県柏市で不良少年として高校時代までを過ごした父は、半ば追い出されるようにして北海道に渡った。遠いから何かあるかもしれない、という気持ちで北海道という地を目指したのだろうか。

札幌のとなり、江別市にある酪農大学に入学した彼は登山に出会った。青春のエネルギーの宛先を見つけることができたのだろう。山岳部に入部し北海道の山々にのめり込んだという。三年生になったとき、彼は五人のパーティーのリーダーとなって冬の十勝岳に入山して、遭難した。

現代のような通信機器はなく、装備も貧弱だっただろう。急な悪天候に見舞われ、ルートを探すと言ってテントから出て行った仲間が戻らず、それを探しに行った仲間も戻らなかった。

結局、父一人がヘリコプターで救助されたという。その時の仲間たちの写真は、私の少年時代、いつも居間に飾られていた。額の中のその人たちは若くて、みんなとびきりの笑顔だ。今にもバカを言いそうで、とても死んだ人たちには見えなかった。

私の父と母は、酪農大学で出会った。母はと言えば、東京出身、比較的裕福な家に生まれ、不自由することなくのびのびと育ってきた。お嬢様学校を出て、わざわざ北海道までやってきて、偶然に父と同じ学校に入学した。おてんばだったのだろう。

母は、天性の活動家であり、しかもその時、彼女は十代だった。保守的な家族に守られて過ごしてきた彼女は、外の世界に出かけて、その空気を思いっきり吸い込みたかったのだと思う。自由や刺激を求めて北海道にやってきて、野蛮人のような父と出会ったのだから、本望だったはずだ。

それにしても、自分の親たちのロマンスについて、想像したくないと思うのは私だけだろうか。それは、自分にとって重要な、とてもよく知っている、二人の人が出会って惹かれあい、愛するようになるまでの物語だ。

これについて想像したり語ったりするのは、とても恥ずかしいし、気が進まない。そういう意味では、両親のロマンスに尽力した「バック・トゥ・ザ・フューチャー」のマーティはえらかった。


一九六〇年代。今から数えてみれば五十年以上前のことだ。当時の札幌周辺の学生たちの生活はどのようなものだったのだろうか。

日本全体が今よりもはるかに貧乏だった。現在のように洗練された通信手段はなかった。交通、衣類、食事、住居、それらすべての品質は現在から比べると格段に劣っていたし、娯楽の種類も少なかった。それでも彼らは集まり、話をしては騒ぎ、青春を楽しんでいたはずだ。

当時は白熱電球が主な照明装置だったので、夜は今よりも暗かった。薄暗い喫茶店や山小屋に、粗末な衣服を着た彼らは集まったのだろう。今よりもシンプルな食事をしながら、フォークミュージックや外国の作家について、学生運動や政治について議論をしたのだろう。暖房は薪ストーブだったかもしれない。強すぎる暖房に顔を赤くしながら、怒り、聞き、笑う彼らの顔が思い浮かぶ。

これは今より当時のほうが良かったという話ではない。便利さと楽しさは、同義でないという話だ。便利になったから楽しくなるわけではないし、不便さがつまらなさに直結するわけでもない。

テクノロジーの洗練度や豊富さ。そんなものは、今を本気で楽しもうとする生き物の前ではあまり意味をなさないのだ。

おそらく、そんな日々の中でやがて私の両親は恋仲になった。若かったのでついでに結婚の約束もした。しかし、その後、父は登山の経験を買われて、ヒマラヤ山地に高山植物の採取に行き、母はフランスに留学した。この辺りの前後関係は定かでない。

当時の二人はそれなりに葛藤し、約束を頼りにおのおのの活動を成し遂げようとしたのかもしれない。しかし、離れていた際、父は毎日のように、いつ届くかもわからない手紙を母に送ったという。心配だったのだろうか。だったら離れなければいいのにと思う。

彼らが結婚をしたのは二十代後半だった。三十歳の頃に私が生まれたので、これを機に彼らは茨城県龍ケ崎市に居を構えた。この街は母方の祖母の故郷であり、ゆかりもあった し縁者もいたので、二人が何かを始めるにあたって都合が良かったのだろう。東京から五一キロ、常磐線の快速電車で上野から約五十分。関東ローム層の赤土に覆われた、首都圏のはずれによくある田舎の街だった。

この街の良いところは、今でもふんだんに自然が残っているところだ。地平線が見えるほどの田園地帯もあれば、森におおわれた台地もある。都心への通勤範囲であることからベッドタウンができて人口も増えたが、航空写真で見れば、いまでも緑色の地域が多いだろう。

昔は旧市街が大いににぎわっていた。ＮＴＴの前身である電電公社の大きなビルがあり、その横にスーパーマーケットと百貨店の中間のような店がドンと構え、そこはまるで街の中心で、龍ケ崎の人々はそこに買い物に行くことを楽しみにしていた。

今ではその町並みはシャッター通りとなり、だれも寄り付かない。郊外に広い道路が次々にできて、大型の店舗やレストランが立ち並んだからだ。

私の幼少期の龍ケ崎市は、本当にのどかだった。街の外れの田んぼの真ん中に、龍ヶ崎飛行場というとても小さな飛行場があり、そこから飛び立ったセスナ機が、パチンコ屋の新装開店の宣伝文句を上空から流していた。

天気の良い春の空の下、飛行機は飛び、風は上向きに吹いていた。車は走り、人々は元気だった。私が生まれたのは一九七三年のことだった。

二人は母の両親から金を借り、土地を買って事業を始めた。父が高山植物に通じていたことも関係したのか、借りた金でビニールハウスを建てて、洋蘭の栽培を始めた。

蘭という花はきれいで高い。しかし、生花店で売り物になるまでにはとても多くの工程が必要で、苗から育てて花を咲かせるまでには三年が必要になる。しかもその三年のうちに寒波が来れば全滅する恐れがあるし、台風でビニールハウスが飛ばされれば数年の努力が水泡に帰してしまう。

暴風雨の中、はしご伝いにビニールハウスのてっぺんに上って、懸命に補強をしていた父の姿が思い出される。雨か汗か分からないが、びしょぬれだった。母は長靴をはいてビニールハウスの下に立ち、叫んで求められるヒモだとか工具だとかを上に向かって投げて渡していた。これらの努力はすべて、花を高値で売るためだっただろう。洋蘭の栽培はギャンブル性が高い事業だった。そして彼らは、このギャンブルで勝つことはできなかった。結局、この仕事を選んだことが後の彼らの離婚を招き、その後の過酷さを作り出すことになったのだと思う。大切に育てた花々は、台風や寒波にやられて枯れていった。洋蘭の栽培だけでは家計が成り立たなかった。

父は家業の他に新聞配達や牛乳配達をして、少しでも収入を得ようと汗を流していた。母はそれを手伝い、自分では家庭教師のアルバイトを始めた。それでも足りなかっただろう。母方の両親から折に触れて借金もしたようだ。私はその彼らの姿を目の前で見ていたが、間違いなく、二人とも一生懸命働いていた。誠実な努力が実らないときは、辛いものである。

彼らは二人そろって情熱的な性格を持っていた。そもそもそういった組み合わせだったからこそ、大恋愛をして周囲の反対もあるなか結婚をした。彼ら二人を思うとき、その最も基本的で自然な状態は、情熱的に愛し合う仲良しの二人組だったのだと思う。しかし社会的に、その状態を維持することはできなかった。

愛し合っていたから、普段はとても仲が良かった。手をつないだり肩を組んだりして、砂利道や風の強い道を歩いていた。当初は悪いことが起きて喧嘩をしても、どちらかが歩み寄ることができていた。

しかし、理性や良心は、悪い状況の長い継続には勝つことができない。それらを活かすためには少しでもいいから、余裕というものが必要だからだ。

やがて解消できない不満が双方に溜まっていったように思う。私が三歳のとき、弟が生まれた頃は、まだ一緒に進める状態にあったが、残念ながら、それからも経済的に向上することがない中で、夫婦としての彼らは成立しなくなっていった。情熱的だったからこそ、好きだったからこそ、互いを憎む気持ちも強くなってしまった。

人生に対する考え方の相違もあった。私の母は、人はどんなときでも最大限、人生を楽しむべきだという考えを持っていた。そう、どんなに貧乏だろうが手段を見つけて楽しむのよ！　と叫ぶ母の顔が目に浮かぶ。父はといえば、労働に対して神聖にも近い思いを持っていた。人は、働くべきであり、働いている姿こそが最も美しいと考えていた。そしてなるべく質素に暮らしたほうがいいと考えていた。

そこで二人は、働きつつ楽しむという手法を開発しようとした。私たち家族は、中古で買った黄色いハイエースに乗り込んで、年中、旅行に出かけた。

日光や鬼怒川、鎌倉や軽井沢、東北地方や北海道まで、私たちはいろいろな場所に行った。河原や森の中で遊んだり、その土地の名物や牧場を見に行き、夜はサービスエリアや町営駐車場など、水場とトイレのある場所に車を停める。そこでハイエースの後ろにマットレスと布団を敷いて、みなで川の字になって寝るのだ。昼間おもいっきり遊んでいるので、屋根をたたく雨の音がうるさい夜でも眠気がまさった。雨の中、星空の下、いろいろな土地にハイエースは停まり、私たちはその中で眠った。

朝は決まって早起きをして、見晴らしのいい場所まで移動をする。眺めのいい河原や草原を見つけるとそこに車を停め、リアハッチを開けて、持ち運び式のガスコンロでハムエッグを作り、食パンと一緒に食べるのだ。

父と母は朝食の後、まだ敷きっぱなしのマットレスの上に転がり、原文のヘミングウェイを読んでいた。英語が堪能だった母が先生役になって、二人で英語の授業をしていた。

私たち兄弟はといえば、切株の上でバランスをとったり、水辺や草原でまた遊んでいたものだ。

そしてその帰り道。たまにレストランに入ろうとしても、メニューの値段を見て帰ってくることがあった。観光地のレストランは高い。そんな時は二人が悲しい気持ちになっているのが伝わってきて、私たちも悲しかった。

それなのに。母は普段から外食が大好きだった。旅行に行かない週末の夜、家族で近くのレストランに行って食事をとることが多かった気がする。おいしいものを食べましょう！　と、フォークを持った手をあげる母が目に浮かぶ。その姿を理解しようとしながらも、父にとってはやはりきつかったのではないだろうか。働きづめでも暮らすのが精一杯という経済状況で、なぜ外食をするのか、母の気持ちは理解できても、釈然としない思いもあったに違いない。

私の幼少期、母はとにかく絵本を読み聞かせた。一日に二冊から三冊を読んでもらっていた記憶がある。労働の日々の中で、あのような時間を割くのは、それなりに考えがなければできなかったのではないだろうか。

絵本には言葉があり、物語があり、ビジュアルがある。基礎的な言葉使いに加えて、詩的な表現まで覚えられる。あの頃、絵本の中で展開された世界から、相当な影響を受けたのだと、今でも感じる。

鬼や悪魔、英雄や馬鹿者、深い森や海の底、空を飛ぶ船。非現実的だが、世界はどれだけ広いのかと思った。空想の国や未来に想いを馳せた。まだ見たことのない素晴らしい場所があるのだ。この世界のどこかに。


母は私が小学四年生になるまで、毎日私の横につきっきりで勉強を教えた。あの頃に教えてもらったのは足し算や割り算ではなく、勉強のやり方そのものだったのではないかと思う。彼女は人にものを教えることがとても上手だった。

あの頃の勉強時間は褒められた記憶ばかりが残っている。これこそ、母が教え上手だった証拠だろう。子供は何よりも褒められるのがうれしい。母はそのことをよく知っていた。

そして、その回数を多くすることで、本来、退屈でやりたくもない勉強という時間を、抵抗のないものにすり替えていった。私たち兄弟は、まんまと彼女の作戦に乗せられたのだ。

できなかったことができるようになった時には、大きな手振りで、たまには拍手もまじえ、大きな声で子供を褒めた。問題を解くのに飽きてきた頃には必ず、集中！　という掛け声をかけた。

よく言われたのは、一度できたことは必ずもう一度できる、という教えだった。確かに、どんなにまぐれのようなことでも、条件さえ再現できればもう一度できる可能性は高い。このことなどは今だに、自分の中で繰り返し言い聞かせている。


子供たちの見聞を広めるというのも、彼女の教育信念の一つだったのだろう。私が六歳のとき。あくせく汗を流し働き続ける日々を飛び越えて、母は、私と弟をつれて、ニュージーランドへ二週間の旅行に出発した。あの経済状況の中で子供二人をわざわざ海外に連れていくという挙に出たことは、もはや立派の域に達するのではないか。

その資金は、家業の稼ぎからひねり出したのか、親から借金をしたのか分からないが、きっと母にとっては、大したことではなかったのだと思う。貧乏だとか借金なんかよりも、小さい子供たちに広い世界を見せておく方がよっぽど重要だと考えたのだ。

次の年は、みなで旅行する金がなかった。母の弟が住むバンクーバーへ行くために、私は一人で飛行機に乗せられた。スチュワーデスさんがくれた「ちびっこ一人旅」というバッジを胸につけるのが恥ずかしかったのを憶えている。

その翌年には、金を貯めたのだろう、母は私と弟を連れて、イギリス、ドイツをホームステイしながら、約一ヶ月をかけて回る旅行に出発した。母は、私たち兄弟を引き連れて、先頭に立っていろんな街を歩き、果敢に多くの体験を求め、そのためにする苦労を厭わなかった。

英語もフランス語も堪能だった彼女は、ホテルのロビーで、ホームステイ先で、レストランで、駅の切符売り場で、多くの交渉ごとをしていた。恐れることなく思ったことを発言し、持ち前の明るさと笑顔でペースをつかみ、大体、自分の望んだ通りの結果を勝ち取っていた。


働こうも、楽しもうも、分かる。しかし、母が求めた楽しみや体験、実現しようとした教育方針は現実的な経済状況を超えていた。それを無理して実現したことで、彼らをさらに不仲にさせる火種が育ってしまったように思う。行く者には相当な意志力が必要とされ、残る者には相当な理解力が必要とされた。しかし、もっと困難なのは旅行組が帰ってきた後、労働の日々に戻る行程だった。

私たちが旅行から帰ってくると、成田空港まで父がいつも迎えにきていた。心配しながら会えることを楽しみにしていた人に会えたのである。私たち家族は、空港のロビーで一個になって抱き合った。

一家は古いハイエースに乗って家に帰る。私たち兄弟は時差ぼけで眠ってしまうのだが、前の座席ではいつも、罵り合いが始まっていた。母としては、現実に引き戻されることに拒否感を持っただろうし、父としては現実離れした感覚で帰ってくる母が許せなかったのだろう。


海外旅行のような、活動のチャンスが多い場を与えられると、母は活き活きとし始め、子供からみても華やかな雰囲気をまとい始めた。そして、その雰囲気のまま帰ってくるのである。家を守り、働き続けて帰りを待っていた者は、それをどのように受け止めればいいのだろうか。

今、思い返すと、双方の気持ちがわかる。そしてやはり、理解と気持ちは別の話なのだ。私だってあの時、あの場に立たされたら、どちらの立場だったとしても相手を罵っていたに違いない。

貧乏は楽しくてつらい。多くの工夫が生まれるし、多くの悲しみも生まれる。父は何よりも働こうとした。母は何よりも楽しもうとした。その上、母には無理を押して進む実行力があった。

もし、二人にもう少し金銭的な余裕があったなら、うまくいったのだろうか。それとも、やはりだめだったのだろうか。


森のなかに、洋蘭を栽培する広いビニールハウスがあった。その片隅に、仲のいい家族四人が暮らす小さな家があった。床も壁も板ばりにして灯油ランプをぶら下げ、山小屋風になるように工夫して作った家だった。

居間には、二人が学生時代から買いためた膨大な量の書籍が棚に収まっていた。レコードプレイヤーとスピーカーを買った日は、夜遅くまで音楽が鳴りやまなかった。二人は懸命に働き、楽しもうとした。

その小さな家には、愛もユーモアもあったし、思いやりもあった。しかしその家はやがて、喧嘩の声が絶えない落ち着きのない家になってしまった。本当に、本当に残念なことに。

二人が離婚したのは、私が十歳の時だった。子供たちがいたので、そのあとも彼らの関係は続いていったが、情熱的で仲良しだった二人が夫婦として存在できたのは、十数年間のことだった。

第二章　小さな家

彼らが離婚をし、手続きを終えて母が家を出て行く日。私たちは家族でハイエースに乗り込み、近くの駅まで見送りにいった。母はなかなか車から降りようとせず、十歳だった私は、やり直せないの？　と、ませた質問をした記憶がある。車を降り、寒い日だったので襟を立てて歩いていく母を、私たち三人は見守った。

龍ケ崎の家を出て、東京の実家に帰る母。そのまま家に残る父。私たち兄弟はどちらと一緒にいるかを訊かれ、家に残る方を選んだ。

それは、両親のどちらかを選ぶというよりも、転校したくないという、まことに子供らしい理由から選んだだけであって、このことは母も十分理解していただろう。しかし、子供たちと一緒にいられなくなったことが、その後の彼女の悩みや不安定さを作り出すことになってしまった。

この後も私たち兄弟と母は、月に一度は会ったし、スキーにも、旅行にも行った。東京に戻り、フラワーデザイナーとして事業を始めた母は、我がことのように私の進路を考え、良い学校に行かせようとして学習塾を選び、その代金を支払った。

しかし、それから母が死ぬまでの数年間、やはり母は幸せではなかったのだと思う。子供という、自分にとって、とても大切なものを想い、恋い焦がれることにあまりに多くの時間を使ってしまった。


子供たちは今なにをしているんだろう。ちゃんと夕ごはんを食べただろうか。パジャマに着替えただろうか。思っても仕方ないことを夜ごと思ったにちがいない。なぜ会えないのか。分かりきったことを何度も自問しただろう。

一度、鬼怒川温泉にいる母から電話がかかってきたことがある。一人で、さまようようにして北関東の温泉地までたどり着いたのだという。電話口の様子がおかしかったので、私と父で迎えに行った。宿泊先まで迎えに行ったのだが、そこは、むかし家族四人でハイエースで眠った駐車場の近くのホテルだった。

またある時は、頭が割れるように痛いと言って緊急入院したので、急いで見舞いに行ったこともある。精密検査を受けても原因不明という結果であったが、ベッドに横たわった彼女は、明らかに憔悴しきっていた。

本来は、そのキャラクターと実行力で、もっと社会的に活躍できた人だったと思う。社会的な成果を上げるべきだった。外に向けて使うべきエネルギーの多くを、想うことに使ってしまったのだと思う。


母は以前から頭痛持ちだったが、この頃になるとよほどに辛かったようだ。いろいろな病院にお見舞いにいった記憶がある。

ある時私たち三人は、母が寝ているだけではつまらないだろうと考え、赤い小さなラジカセをお見舞いに持っていった。それだけでは聞くものがないだろうと父が言い出し、ピアノ曲が録音されたカセットテープも一緒にプレゼントした。

そのラジカセには早送りや巻き戻し、一時停止の他に、オートリバースという機能が付いていた。これはA面のテープが巻き終わると、それを察知して自動でヘッド部が回転し、

B面の再生にスムーズに移行する機能だ。これ以前は片面の再生が終わると、人がカセットを取り出して裏返してからデッキに入れ直す必要があった。私はその機能に驚き、母にプレゼントしたものなのに羨ましく思ったのを憶えている。

蒸気機関の発明から産業革命が起こり、その後脈々と続いたメカニズムの精緻化が、私たちのような一般市民の手に届くところまで広がりを見せていた。

あの頃、時代が力強く前に進んでいた気がする。自分が多感な時期に入ったせいか、または経済成長の仕上げの時期だったからか、新しい道具や商品、サービスが次々に私たちの目の前に登場してきた。

龍ケ崎の街に初めてほかほか弁当の店ができ、三人暮らしを始めた私たち親子にはとても便利だった。街に一軒しかなかったコンビニエンスストアは瞬く間にその数を増やし、こちらも同様に重宝した。

ビデオデッキやコードレス電話が発売され、テレビの向こうでは立派なオリンピックの開会式が催されていた。スペースシャトルが飛び、御巣鷹に飛行機が落ち、F1マシンが富士の麓を疾走した。人々は果敢に未来を目指し、いつ終わるとも分からないテクノロジーの進歩に酔いしれていた。

エアコンが友人の家に初めて導入されて、友達一同が招待されたことがある。私たちは、その涼しさに驚いたものの、子供の直感力は優れている。誰かがこれは冷蔵庫を改造したものだと言ったのは、技術的にはまったく正しい解釈だった。

しかも田舎の小学生だった私たちは、真夏に涼しい部屋の中にいるよりも、外で遊んだほうが楽しいと思った。部屋の中では、ザリガニもカブトムシも取れない。エアコンの部屋で涼んでいたのは約十分程度だっただろう。私たちは外に駆け出し、郊外に佇む廃墟に入り、これがお化け屋敷かと驚きながら、結局汗だくになって遊んでいた。

ファミリーコンピューターが日本中の小学生の心をつかんだのもあの頃だった。私も友達の家で遊んだことがあるが、その面白さに驚き、ワクワクし、自分も欲しいと思った。しかし、我が家の場合、教育方針的にダメだと言われることは分かりきっていたし、当時懸命に働いていた父に何かが欲しいなどと言える雰囲気ではなかった。遠く離れて私たちのことを憔悴するほど考えている母にも、ゲームがしたいなどと言えるわけもない。

母が出て行った家は、小さいながらも広く感じられた。どんなに悲しいことが起ころうと、どんなに楽しいことが起ころうと、昼は夜になり、朝が来て明日になる。大人は仕事に行かなければならないし、子供たちは学校へ行かなければならない。三食を食べ、時には弁当を作り、風呂の準備をし、雨戸も閉める必要がある。

結局、離婚と別居が、彼らが夢見た事業、洋蘭の栽培の終焉になった。水やりも送風も止まり、洋蘭やその他の植物は次第に枯れていき、台風の日にあんなに必死になって護ったビニールハウスは、細い鉄の骨組みだけになっていった。

事業を諦めた父は、新聞や牛乳の配達に加えて、ペンキ塗りや下水道工事など、できるあらゆる労働をして、私たち三人の生計を立てようとしていた。

父は自分の人生をなんとかしなければならないと思いつつ、同時に私たち兄弟二人を育てなければならなかった。私たちといえば、日々の学校や友達との間でいろいろなことが起こり、家庭と社会のはざまで悩んだりしながらも、家長である父についていこうとした。これらの事情や思いがからみあいながらも、家族の絆を肌で感じながら暮らした日々だった。

外から生活の原資を調達してくる役割を持った父が、家事全般をこなすことは不可能だったから、私たちは役割分担をして三人の生活を始めた。炊飯係、食器洗い係、風呂係、雨戸係、掃除係などが常に各自に割り振られていたが、食事のおかずを作るのはもっぱら父の仕事だった。

はじめのうちは料理に不慣れだった父も、次第にその腕を上げていき、手際もよくなり、シンプルながらもうまい料理を作るようになっていった。よく出てきたのは豆腐や、キャベツ炒めなどだったが、これらはこれらでうまかった。

木綿豆腐をキンキンに冷やして、しょうがとかつお節、刻んだ長ネギをたっぷりとかける。さらにそこに、すりおろしたニンニクをごそっとのせるのは父の発明だった。これに醬油を回しかけて食べると、冷たさと大豆の味わい深さの両方が際立って十分に食事になる。ひとり一丁の豆腐を食べると、もうそれだけで腹いっぱいになるのだ。ただ、ほとんどが水分なので、直後の満腹感にくらべて腹持ちは良くない。

キャベツは一玉買っても安く、あの頃の我が家の食卓にはよく登場した。一玉のキャベツを適当な大きさに切り、一番小さいパックの豚肉のこま切れと一緒に炒める。サラダ油を多めにすると食べ終わったあとの満腹感がふくらむ。

頃合いを見て、ごま油を鍋肌にたらすとどうだろう、俄然食欲のわく食べ物になるのだ。

これをご飯の上にこぼれるほどに盛って醤油をたらしてかきこむと、育ち盛りの少年でも満足できるうまい食事になった。

他にも卵焼きやほうれん草炒め、チルドの餃子、ハムエッグ、シャケの塩焼き、卵を落とした納豆、手作りのハンバーグ、レトルトのカレー、トンカツ、唐揚げ、時々の事情にあわせた味噌汁など、いろいろなものを食べた。父は父で工夫をしてくれたのだと思う。質素だったかもしれないが、あの頃の食事はなつかしくて、うまかった。

ちょうどその頃。父はホームセンターで薪ストーブを買ってきて、居間の壁の高い位置に穴を開けて煙突を設置し、木々を調達して薪割りを始めた。冬になると薪ストーブに火が入れられ、私たち兄弟が起き出す頃にはいつも、家中が完全に暖まっていたものだ。

そしてごく稀にだが、薪ストーブの上でビーフシチューが作られることがあった。これは当時の我が家の最高のご馳走で、なにしろ一昼夜をかけて作られるので、その製作途中も、ずっとそわそわすることになるのだ。

まずフライパンで牛肉のかたまりの表面を焼き付ける。それを炒めた玉ねぎとルーを水に溶いたものと一緒に大きな鍋に入れて、薪ストーブの上に置く。いやというほど煮込むので、最初の牛肉は高くても安くても同じことなのだ。弱い火加減を保ちながら、父は折を見て、赤ワインと水をどぼどぼとつぎたしていた。手伝ったり、横から見たりしていたのだが、あるタイミングになると人参とジャガイモを入れて、もう絶対にさわるなと言われてフタが閉じられる。食べるのは次の日だ。

この一皿が食卓に出されると、みんな食べる前から興奮気味で、トロ火で長時間かけて煮込まれた肉は口に入れると溶けるようにくずれていった。うまい、と誰もが叫んでいた。一体、あんなにうまい料理を父はどこで覚えてきたのだろう。

男三人の所帯は、野性味にあふれ、皆でよく掃除をしたので清潔だったが、それでも日々がキャンプのような雰囲気を持っていた。洗濯物を干したり、買い物に行ったり、宿題をしたり、遊んだり。それなりに忙しくしていたのだろうが、とても楽しかったという印象が残っている。

当時の我が家は、やはり世間一般から比べると収入が少なかったが、あまりそのことを感じずに、むしろのびのびと育った気がするのは、我が家の敷地の広さに理由があったのかもしれない。広いビニールハウスが建っていた土地は、残っていた骨組みも撤去され、ただの野原になった。私たち兄弟はその野原やまわりの自然を大いに活用して存分に遊んだ。

土砂降りの日、父がいない隙に軽トラックを拝借して野原を乗り回し、ぬかるみにはまり、出せなくなってバレて随分と怒られた。いたずらで枯草にライターで火をつけてみたら、その火が野原全体に燃え広がったこともあった。父は、おお、ちょうどいい、野焼きだと言って、燃えていく野原を三人で眺め、この時はなぜだか、あまり怒られなかった。

洋蘭栽培の設備の残りに巨大なバケツ型のタンクがあり、私たちは夏になるとその中に水を張って、手作りのプールで泳いだ。近くの建築現場から残材であろう材木を盗んできて、家の隣の大きな木の枝の上にツリーハウスを作った。

あの頃を思い出すと、富と人生の楽しさは比例しているわけではないことがよく分かる。母とは定期的に会っていたし、食事は質素だったがうまかった。特別に空腹だったわけでもなく、布団もあったし風呂にも入れた。夏は泳げたし、冬は暖かかった。

雪の日の学校からの帰り。野原の向こうに見える我が家には灯がともり、薪ストーブの煙突からは白い煙がもくもくと出ていた。富が少なく、お母さんがいない小さな家は、それでも、とても暖かかった。

私は過ぎた日々を美化しているのだろうか。もしかしたらそうかもしれない。少なくとも父にとっては、楽しいだけの日々でなかったことは間違いない。むしろ厳しい日々だったのではないだろうか。事業に失敗し、離婚して、これといった計画もない上に、子供二人を育てなければならないという羽目に陥っていた。

父は、男は持てる力すべてを使って毎日を生きていかなければいけない、という考えの持ち主だった。二人の息子を育てながら暮らしを支えるために労働をしていたので、それなりに納得感はあったのかもしれないが、自分の才能や能力を出し切っているのだろうかという葛藤があっただろう。今、自分のしていることがベストなのだろうかという感覚だ。

そんな葛藤の日々を過ごしながら、父はいろいろなことを考えたに違いない。自分の考えを、私たち息子に伝えることが多くなっていった。母親がいなくなった家で、息子たちを一人前に育てなければならないという気持ちもあっただろう。

父なりの教育方法は不器用で、時に激しすぎることもあったが、刺激的で心に残るものが多かった。

私が小学六年生だったある晩、父が私の寝室に来て、明日は映画を見に行くから学校を休め、と言った。次の日の朝、私は学校に電話をして仮病を伝え、父と二人で車に乗り込んで映画館に向かった。数日前に父が一人で見に行き、大いに感銘をうけたので私にも見せようとしたらしい。連れられて見に行ったのは一九八四年制作の「キリング・フィールド」という映画だった。

カンボジア内戦下での、アメリカ人とカンボジア人の二人の男性の信頼関係を描いている映画で、主人公たちは悲惨な状況を打開しようと努力をするが報われず、紆余曲折があり、最後にやっと再会を果たす。ジョン・レノンの「イマジン」が流れる印象的なエンディングだった。

映画の中の出来事ながらスクリーンで繰り広げられる悲惨な内戦の描写に十二歳だった私は驚き、衝撃を受けたし、困難を乗り越えようとする主人公たちの行動や、ラストシーンに、よく分からないながらも大いに感動した。

仮病を使わせて子供を映画に連れて行ったことを、他の親や学校の先生が聞いたらなんと言っただろう。やっぱりあそこのお父さんは常識がないと言ったかもしれない。しかしそれは、本当に良くないことなのだろうか。

父はこの映画を見せることによって、信頼や努力、諦めないことの価値を伝えたかったのかもしれない。もしくは、この世には悲惨な世界もあるということを伝えたかったのかもしれない。ただただ、自分が感動したので、それを共有したかっただけなのかもしれない。

あの日の私が、それらのどれほどを感じられたのかよく分からないが、四十歳を超えた今でも映画の内容をよく憶えているほど心に残ったし、影響を受けた。彼のその日の行動は常識的ではなかったが、少なくとも、子供に忘れられない一日を与えていた。

彼はその後も自分なりの考え方にもとづいて子供たちを教育した。ヘミングウェイの短編「キリマンジャロの雪」の冒頭にマサイ族の言い伝えが引用されている。

キリマンジャロの山頂付近の雪の中に凍りついた豹の死骸があり、その豹はなぜそこまで登ったのだろうか、という問いかけだ。父は私にその引用部分を読ませ、お前、なぜだか分かるか、と聞いた。人はなぜ生きているのか、何のために生きているのか考えろと言い続けた。

「かもめのジョナサン」を読ませ、ヘミングウェイを読ませ、本や映画や日々の活動を通じて、自分が良しとする生きる姿勢を子供たちに伝えようとしていた。

ある日、私の机の前に昨日まではなかった紙が画鋲で貼ってあった。父の手書きである。

「苦しみつつ、なお働け、安住を求めるな。この世は巡礼である」

これは北欧の作家ストリンドベリの言葉だ。確かに今、この歳になってみると分かる部分もある。真の安住はこの世にはないので、ないものは求めても仕方がない。また、暮らしていくためには働かなければならない。今日が終わったら、明日もまた働かなければならない。しかも仕事というものは、ほとんどの場合に楽しいよりも、苦しい。そう、この歳になって少し分かる言葉なのだ。しかし当時、私は小学生だった。


今思えば、押し付けにも近い強烈な教育だった気がする。意図したわけではないだろうが、父は親の特権を最大限に活用して自分に似たような価値観をもった人間を作ろうとした。


しかしそれ自体は特殊な行為ではなく、世の親たち全員が行っていることである。特殊だったのは、その独自の哲学、独自のストイックさだった。

おかげで私は、自分が何のために生きているのかを子供の頃から考えることになり、青年時代にはその答えを求めて随分と本も読んだ。しかしそれらには、人がなぜ生きているかの答えは書いていなかった。まれに書いてあるものがあっても、私はそれらを信じることができなかった。信じるためには実際に試してみて、結果がどうなったかを確認する必要があるからだ。

そんなある日。父は、同じ軌道を回る日々を、自ら切り開く活動を、突如として始めた。弟と一緒に食料品の買い物に行っていた父は、帰ってくるなりマシンガンのように話し始め、めずらしく興奮した様子だった。

聞くと、スーパーに陶芸教室のポスターが貼ってあり、それを見た瞬間、体に電気が走ったのだという。手には、その陶芸教室の案内と申し込み用紙を兼ねた一枚のチラシを持っていた。

体に電気が走るという感覚は私には分からない。本当なのだろうか。それでも彼は次の日に陶芸教室に出向き、申し込みを済ませた。おそらく闘牛のような勢いだったのではないだろうか。教室の先生も面食らったことだろう。

本人曰くだが、一ヶ月で先生よりも上手になったという。すぐに教室をやめ、残っていたビニールハウスの骨組みを建て直して簡単な小屋を作り、ロクロを買い、小さなガス窯まで買った。一体、あの資金はどこから持ってきたのだろう。

龍ケ崎市から車をとばして陶芸品の産地である笠間や益子に通い、粘土や釉薬を仕入れるとともに、頭を下げていろいろな人の話を聞いた。そして仕入れた情報を夜な夜な息子たちに熱く語った。粘土の種類やロクロの指使い、釉薬や窯の種類、酸化や還元で起きる化学反応。それらがどれだけ凄いことなのかを、私たちに話した。正直に言うと、私にとっては、そんなことはどうでもよかったが、それを言ったらはり倒されるほどの迫力と真剣さを感じた。

他の人がどう思うかなんて、どうだっていいと思っていたのだろう。父はあの時、驚きと発見、そして素晴らしいものとの出会いの毎日を送っていたのだ。そして、気がつくとチラシを持って帰ってきた日から半年後には、父は陶芸品店で自分の作った湯呑みや茶碗を並べてもらっていた。

あの時の父の姿と、人間が本気になった時の気合いを間近で見ることができたのは、本当に幸運だった。人の本気さはいろいろな物事を動かす力を持っている。そしてどんな夢を見るのも、何を目指すのも自由なのだ。経験のないことは知らなくて当たり前だし、無知を恥ずかしがる必要もない。知らないことは知っている人に素直に聞けばいい。

知らないがなんだ、恥ずかしいがなんだ、おれはあれをやりたいんだ。父の全身から、人間の本気さが溢れ出していた。

結局、驚くべきスピードで、父は無理やり陶芸家になった。父が四十歳の時である。彼は今でも龍ケ崎市で陶芸家として活動している。定職も持たず、子供二人を抱えた不安な日々の中で、彼はやりたいことを見つけ出し、自分の力で人生を切り開いた。


私の両親は多くのことを子供たちに教えた。母はまず、話し方を、勉強の仕方を子供たちに教え、その他にも日々の言葉を通じて彼女独自の考え方を伝えた。希望があるならはっきりとそれを伝えていいこと、人と話す時は必ず相手の目を見ることを教えた。

父は哲学的に人生を観ることを教え、男らしさとは何かについて一緒に考えることを子供たちに求めた。人生には目的があるかもしれないと、繰り返し話した。

また、彼らが離婚してからは逆の意見を言うことも多くなり、聞いている私たちも混乱することがあったのだが、それはそれで、考え方の違う人たちがいるんだという教えにもなった。

しかし、彼らが言葉で伝えようとしたことよりもむしろ、それぞれの生き方、選び方から私たち兄弟は大きな影響を受けた。間違いや早まりがあったかもしれないが、彼らはどんな時も真剣に生きようとしていた。真剣だからこそ、行動や選択に迫力があり、ぶつかりあい、結果、身をもって子供たちにいろいろな価値観を教えることになった。

しかし。その中で最も重要だった教えは、母がその死をもって私たちに伝えたことだったと思う。

第三章　ライフ・イズ・ショート

一九八七年の十一月。私は中学二年生になっていた。寝坊して起きた日曜日の朝に、電話が鳴った。休みの日の朝になんだろうと思いながら受話器を取ったのを憶えている。母の姉、伯母からの電話だった。

内容は唐突で、母が危篤らしいこと、場所はハワイの病院であること、海で事故にあったらしいことなどを矢継ぎ早に聞かされた。いつ事故にあったのか、どんな事故なのか、また、現在の詳しい容態も分からない。ただ、自分もハワイに向かうから、私たち兄弟も準備をしてくれと言い残して、ずいぶんと慌てた様子で電話は切れた。

まだ目をこすっているくらいの寝起きだったし、油断していたところに不意をつかれた格好になり、メモした長い英語の病院の名前を見ても、私はなんとなく夢でも見ている気持ちがしていた。母が危機的状況にある？　どうしても実感がわかなかったが、今考えると生半可なことではこのような連絡は回ってこなかっただろう。

　母はその半年前から、仕事と語学留学でアメリカのコロラドに渡っていた。どのような仕事だったのか、なぜ半年間も日本を離れることになったのか、前後関係はよく分からない。

　しかし、私たち兄弟の存在がその原因だったと思う。母は、最も愛する子供たちと離れて生きていくことがやはり辛かったのだ。その時間が長くなるにつれ、母の苦悩は増していった気がする。その気を紛らわすためか、次の生き方をしっかりと考えたいと思ったのか、行ってしまったら子供たちに半年間も会えないのに彼女は行った。

　私が中学生になるころ、その教育方針や進路をめぐって母と父との確執も大きくなっていた。母は私に、いわゆる良い中学校、良い高校、そして良い大学に進んで欲しかった。人と違うことをやれとは言いつつも、将来の可能性を最大にしておきたいという親心は、今となればよく分かる。

　これに対して父は、学歴なんてどうでも良いという価値観を曲げなかった。子供の進路に離婚した両親が異なる希望を持っている場合、どう考えても子の近くにいる方の勝ちである。話す時間はたっぷりあるし、影響を与えやすい。

それでも母の強い希望で、私は私立中学校を受験した。そのために塾に通ったが、その費用は母が出していた。合格したが、話し合いによって、私は地元の公立中学校にいくことになった。この件などは、大いに母を傷つけたのではないか。

今考えると、私の将来を明るくするために、母は私に代わって見通しを立て、大まかな計画を持っていたのだ。そして、そうしないとまずいと思い、提案をして、説明をして、学費も出そうとした。心配で心配で仕方なかったのだ。それなのに提案は通らなかった。


同時期に私も思春期に入っていった。この期間は、子供のことが大好きな親にとっては過酷な時期ではないだろうか。私の母に対する対応は以前に比べて、そっけなく、冷たくなっていったように思う。電話で話しても早く切りたいと思ったし、一緒に歩く時には距離を置くようになった。昔のように甘えることが恥ずかしかった。

思春期は、子供が大人になるために絶対に通過しなければならない時期だ。男の子が男の人に、女の子が女の人になるために必要だからだ。

男の子も女の子も、そのままでは自立もできないし、家族も持てないので、大人になろうとする。この結果、それまで最も近かった異性、つまり男の子にとっての母親、女の子にとっての父親を再認識しようとする。多くの場合、それはそもそも大好きなものなので、冷静になるために一回、大嫌いになろうとするのではないだろうか。私もあのころ、母に対して一種の拒否感を持っていた。

しかし、それは子供の都合である。あのころの母には辛い経験になってしまった。我慢を重ねて、一ヶ月待って、やっと会えた子供が自分にそっけなく、よそ見をしていたら、どんな気がするだろうか。一緒に入ったレストランで、何がいい？　と聞いたのに目も合わせずに、どれでもいい、と答えられたらどんな気がするだろうか。

母はそれでも怒ったりせず、理解しようとしてくれていた。私たち兄弟に対しては、どこまでも寛容で、あくまでも明るく振舞っていたように思う。しかし、その裏では悲しんでいたのだ。傷ついていたのだ。愛するとても大事な人たちに、自分の助言が届かず、助けることができない。しかもその長男の方は次第にそっけなくなっていく。どんどん離れていく気がして、本当に焦っただろう。

なぜあのころ、母の気持ちを察してもっと優しくすることができなかったのか。数十年経った今でも悔やまれる。会って謝りたい。しかし、それはできない。なぜなら会えないからだ。誰かが死ぬということは、その誰かに対してしたいこと、してあげられること、それらすべてをできなくする。

あの電話がかかってきた日曜日。状況を理解できないままでいた私を横目に、父は何かを感じ取っていた。電話の内容を伝えると、緊張した顔つきになり、自分も一緒に行くと言いだした。

半年前にアメリカに旅立った母は、確かに帰り道にハワイに寄ると言っていたが、もう少しで子供たちに会えるという段になって事故にあったという。父と私と弟は、母に会いに行くために急遽、ハワイに行く必要が生じた。急なハワイ旅行はどの程度の金銭が必要なのだろうか。しかも、いつ帰ってくるのかも分からない。当時、父は陶芸で生計を立てていたものの、余裕があったわけではなかった。数少ない知り合いを訪ね歩き、金を工面した。

次の日、月曜日の午前。私たち親子は東京・赤坂のアメリカ大使館にいた。当時、アメリカに渡航するにはビザの取得が必要で、私たち兄弟は持っていたが、父はインドやネパールにしか行ったことがなかったので、持っていなかったのだ。

本来、発給に数日かかるビザを、何とか当日に出してもらおうとしていた。事情を話し、理解してもらい、ビザはその日の午後に発給された。そんなことも含めて、今より、のどかな時代だったのかもしれない。

その大使館で伯母と待ち合わせ、私たちはより詳しい情報を聞いた。母がハワイの海岸で溺れたこと、シュノーケリングを楽しんでいる最中だったこと、助けられた時には息をしておらず救命活動を受け、病院に搬送されたことなどが分かった。今も意識がなく、生存のために人工呼吸器が必要な状況だという。その日、私たち兄弟を産んだ優しい人は、はるか遠い場所で生死の境をさまよっていた。


しかし。私の知る限り、母は泳げなかったのだ。昔から数えきれないくらい、家族でプールに行ったが、母はいつもプールサイドから応援するばかりで、水に入っても手で水をかきながら歩いていた。そういえば、コロラドからの手紙に、水泳教室に通っている旨が記されていた。泳げるようになったのだろうか？

結果を見れば、明らかである。一般的な分類からすると、母はやっぱり泳げなかったのだ。にもかかわらず、シュノーケリングをして溺れてしまった。

このことを世間の人たちがどう思うかは分からない。無責任で無茶な行動だと思うのだろうか。でも、私には分かる。彼女は楽しもうとしたのだ。目の前に、自分の能力から考えて困難で、しかし楽しそうな挑戦があった。母としては、それを見逃すことはできなかったのだろう。きっと海もきれいだったのだ。楽しむのよ！　と大きな声で、明るく元気に叫ぶ母の顔が思い浮かぶ。

そして事故がおきて、私たちはハワイに行く準備をしている。そのためにまずは赤坂に来ている。しかし当時も、私はそれを迷惑とは感じなかった。今だにそう感じたことはない。むしろ彼女の性格の真髄を見せてもらった気がする。

この例は笑ってはいけない。また、愚かだと片付けてはいけない。こういう人たちが、間違いなく世の中にいるのだ。自信がなくても、恐くても、面白そうだから行く人たちが。

彼ら彼女らは、そもそも何かができないと思わない。もし誰かに無理だと言われたら、なぜ？　と問い返すだろう。そして、こういうことをできる人たちの一部がイノベーションをおこすのだ。

スイッチが入った時の彼らは、ほぼ自分の興味のためだけに動く勝手な人たちだ。しかしまれに、その先端が社会の閉塞を破り、次の時代へ人類を導く。私はあの時、母危篤の情報に直面して、笑えない、かつバカにできない、人間の迫力というものを感じていた。

アメリカ大使館からの帰り道。もう一つ、驚いたことがおこった。あの日、東京の赤坂界隈に現れた私たち親子三人は完全におのぼりさんだった。あれは六本木方面へ向かう途中だったろうか。

無事にビザが発給されて腹がへっていた。どの料理屋も信じられないくらい高く、いくつかのレストランの店先をうろつき、私たちは一軒のイタリア料理屋に入った。三人とも、メニューを見てもよく分からなかったので、唯一味の見当がついたトマトソースのスパゲッティを揃って頼んだのを憶えている。

午後遅めの時間帯で、客は私たち親子だけであり、四人掛けのテーブルについた。横に並んだ兄弟の対面に父が座っていた。テーブルの上はさすがに沈鬱で、料理が運ばれてきても、誰も自然に食べ始めることができなかった。

その時である。父が突然に激しく泣き出した。それは何かが破裂したかのような勢いで、短く呼吸をしながら、泣くまいとしながら泣いていた。あの時の衝撃は今だに忘れられない。その突然さや激しさにも驚いたが、何より驚いたのが、初めて見る父の泣きじゃくる姿だった。彼は私たちにとっては不屈の精神をもった英雄だった。その英雄が人目もはばからずに泣いていた。

私たちはその日、より詳しい状況を知った。子供だった私たち兄弟はそれでも、事態の深刻さがはっきりと認識できていなかったように思う。大丈夫かなあ？　大丈夫かなあ？と心配はしていたが、どのような結果になるのかが想像できていなかったのだ。

しかし、父は大人だった。海で溺れて心肺停止状態になり、救急車で病院の集中治療室に運ばれるということが、どういうことなのか分かっていたのだ。父は悟ったのだ。母がもう少しで死んでしまうことを。

父が次に言ったセリフも衝撃的だった。父は激しく泣きじゃくりながら、途切れ途切れだったが、あんなに愛した女はいなかった、とはっきりと言いきった。あれはもはや、子供たちに聞かせるために言ったのではなかっただろう。思わず口をついて出た、本音中の本音だったはずだ。

彼らの出会いを思ってみても、その後の仲睦まじかったころを思い出してみても、当然のセリフだと思う。あの二人にとって、あんなにも魂をぶつけ合った相手は、その相方以外にこの世にはいなかったはずだ。彼らは、仲良しから始まって、夫婦になり、親になり、その後離婚をしたが、母は離婚をした後も寺尾姓を変えなかったし、両者で話したわけではないだろうが、お互いに将来に対して淡い期待を持っていたように思う。失敗はしたけれど全てが終わったわけではないと考えていたのだ。昨日までは、まだそんなふうに想像できる未来があった。

それが今回、それらの可能性や未来も失うことになってしまった。魂のつがいの片方が、この世からいなくなってしまうと分かった瞬間。その人との未来も全て失うと分かった瞬間。父は、母の存在の重要さや愛おしさを、恐ろしいくらいの勢いで感じてしまったのではないだろうか。

その二日後に私たち親子は成田空港への道を急いでいた。田園地帯を抜け、利根川に架かる大きな橋を渡る。窓の外を流れていく景色は十一月の関東平野であり、だいたいの植物は枯れ、寒々しかった。空港の駐車場に車を停め、出発ロビーへ急いで歩いたが、何泊するのか分からずに持ってきた着替えが多くて、少年だった私たちには、その荷物がやたらと大きかった。

出国審査は、私たちをいつも落ち着かない気分にさせる。しかし、あの時の私たち親子は、それ以前に地に足がついていない感じだった。心配な出来事がおこり、その詳細を確認していないときほど、落ち着かないことはない。

母が危篤だというならば行かなければならないだろう。しかし私は、危篤状態の母に会いたくなかった。ハワイに行きたくないと思いながら飛行機に乗ったことを憶えている。


十一月のハワイは、Tシャツ一枚で過ごせるほど暖かく、澄んだ空気が気持ち良かった。穏やかで美しい島に降り立ち、空港の扉を開けた時、私は島の美しさが自分たちの沈痛さや悲しみとは似つかわしくないものと感じられた。

母が収容されていたのは、大きくて清潔な病院だった。すでに外来診療の時間が終わり、私たちがその病院に着いた時には、ロビーには人影がなく玄関も閉まっていたので、守衛室から中に入れてもらった。病室まで案内するために迎えに来てくれた病院スタッフの男性が、思いのほか気軽で明るい対応をしてくれたので、私たちは一瞬、母の状態は思っていたよりも良いのではないかと期待してしまった。

心配と期待と恐怖が混ざった気持ちで病室のドアを開けると、そこは広い窓のある明るくて広い個室だった。ありがたいことに医師をはじめ、合計五人程度のスタッフがついてくれており、アメリカという国は一観光客の事故にこれだけの対応をするのかと、私は関係のないことに感心してしまった。

ドアを開けた瞬間には、中央にあるベッドに横たわる母の顔色ははっきりとは見えず、ただ、その周りに並べられた機械の多さに驚いたことを憶えている。人工呼吸器や計測器、点滴などに囲まれ、それらから出たたくさんの管が、母の身体のいろんなところにつながっていた。

透明なビニール製の人工呼吸器のマスクを外してもらうと、母の顔はさすがに生気がないように見えた。これまで数え切れないくらい見てきたこの顔は、悲しんだり怒ったり、笑ったり考えたりしていたが、いつもエネルギーに満ち、寝ている時でさえ、今よりやすらかで幸せそうな顔をしていた。容態が容態なのだから当たり前なのだが、それでもあの日、ベッドの上で見た母の顔は、なんとなく私たちの懐かしい人の顔に見えなかった。

隣に立っていた弟も同じように感じただろう。それまで長い期間会っていなかったこと、結果的にだんだんと離れていったことなどが関係したのだろうか。病室に入り母と再会した時は、くずれ落ちるほど悲しいとか、ショックを受けるとかということは私の身には起きなかった。

しかし父は真っ青になっていた。私たちより少し離れた場所に立ち、潤んだ熱い眼差しで母のことを見つめていた。滞在中、父に財布とパスポートを預けられたのを憶えている。今回、おれはどうなるかわからない、理性的でいられるかどうか自信がないから、これをお前が預かっておけ、と言われた。

それから数日間、私たちは多くの時間を病室で過ごしながらも、美しい島でホテル暮らしをした。ビーチに出てみたし、気晴らしに散歩もした。何をしていても気分が晴れなかったが、おいしいものはおいしいと感じたし、夕焼けもきれいだった。

奇跡的に母が目を覚まさないかと彼女のベッドの横に座り、手を握りながら念じてみたこともあった。もし自分に念力や超能力のようなものがあれば、今こそがそれを発揮する時だと考えたのだ。父は私が何をしているのか知る由もなかったので、おい、そんなに睨むなよ、と私に優しく言葉をかけた。十四歳だったからできたことだったろうが、あの時やってみて、やはり人間にはそういった能力はないことが分かった。

母のトランクを回収して開けてみたところ、私たち兄弟へのお土産が、あふれんばかりに入っていて、母がどんなことを想像して帰途についていたかが痛いほどに分かった。

クリスチャンだった母のために牧師さんを呼んで、お祈りをしてもらったこともあったが、その祈禱は母に届いていたのだろうか。私たち兄弟が何度も何度も呼びかけた声は、母に届いていたのだろうか。

そう思うと、母のことを呼んだだけだったのが悔やまれる。もし私たちの声が聞こえていた場合、それに対して返事もできない悔しさを感じさせてしまったのではないか。俺たちはちゃんと大きくなるよ、大丈夫だよと、なぜ言えなかったのか。楽しませたり、安心させるための話がなぜできなかったのか。後悔は尽きない。

そうこうして五日間ほどが経った頃だろうか。私たち三人は医師に呼ばれ、今後どうするか相談をした。どうもこうもなく、要はいつ人工呼吸器を止めるかということだけであり、医師は私たちの心の準備ができたかどうかを確認したかったのだ。準備オーケーかと言われると、それはどうか分からないが、そうしなければならないことは三人とも十分に分かっていた。

人工呼吸器を止めたのは、何曜日だったろうか。憶えていないが、明るい日だった。病室には、私たち親子の他に、叔父や伯母、医師、病院のスタッフが集まっていた。窓から午後の日差しが差し込み、光は室内で反射をして、電気をつけていないのに天井まで明るかった。機械を止めてしばらくすると、母は最後に少しだけだが、苦しそうに眉をひそめた。こうして私たちのやさしかった人は、目の前で亡くなった。

ベッドの上で母が亡くなっていくのを手を握りながら見守り、事がひと段落した後に、私は一人で病院の外に出た。なぜだったのかは憶えていない。一人で外の空気を吸いたくなったのだろうか。とても悲しかったし、傷ついていた。事態をきちんと把握していたとは思えないが、とても大事なものを失ったことは分かっていた。

病院の裏手に出ると、そこは広い駐車場で、一日の最後の光が木々やアスファルトを照らしていた。所々で光を反射させていたのは、前の日か、その前の日に降った雨の水たまりだった。そこには、降り注ぐ光や木々の影、青い空が鏡のように映っていた。

気温が下がり始め、大気が澄みきる中、太陽からの強い光が地球のハワイ諸島に届いていた。その光は、太陽の表面から約八分をかけて、宇宙空間を進んでここに到達する。もし、上空から見ることができたら、かなたからの光が青々とした海の中に浮かぶ祝福の島々に降り注いでいるように見えたに違いない。

何年たってもあの時の感覚を忘れることができない。最愛の人が死に、私はとても悲しかったのに、世界はとても美しかった。

あの時の世界の美しさについて、そしてあの時感じた違和感について、私はこれまで何度も考えてきた。悲しい時は悲しめばいい。でもその悲しみや、つらさを、他者にも分かって欲しいと思ってはならないのだ。きっとそれは、自分勝手な考えなのだ。

私や家族の身に一大事がおこり、どんなに悲しくてもつらくても、それは世界の悲しみではなかった。私たち親子が、どんなに悲しみに打ちひしがれようと、世界は暗黒になったりしなかった。なぜなら、それは世界や他者にとっては何でもないことだからだ。

翌日、私たちは教会で小さな葬儀を行ない、よく風の通る丘の上の墓地に彼女を埋葬した。残された親子三人で、母が溺れた海に行ってみたりした。当時の写真が残っている。母が溺れた小さな湾を訪れた時の写真だ。私はまるで睨むようにして海を見ている。きっと腹立たしかったのだ。

あれから数十年が経ち、母の死について多くの時間をかけて考え、自分でもいろいろな経験をしてきたから、今こうして冷静にこの文章を書けているのかもしれない。あの時、少年だった私は、知らないことが多すぎた。この海がなければよかったのに、と思っていた。

しかし、恨むより受け入れなければならないのだろう。どんなことでも、起こったことは純然たる事実なのだし、嫌だと言っても起きてしまったものは仕方がない。起きたことに対して、私たちにできることは意外と少ない。それが一体どんな現象だったのかを理解し、なぜ起きたのかを考えて、その理由について仮説を立てるくらいがせいぜいなのだ。そして、次に備えることくらいしかできない。

どんな人も可能性を持っている。それはおそらく、人が持っているものの中で最も貴重なものなのだが、可能性であるがゆえに、確実ではない。例えば、今晩、私は夕食を食べるつもりだし、明日は会社に行くつもりだ。のちのち行こうとしている場所もあるし、やろうとしていることもある。

しかし、これらの素敵な未来は、本当にやってくるのだろうか。そういう意味では、今晩の夕食も確実ではないかもしれない。自転車をとばしすぎて、帰り道に骨折して入院をして、夕食を食べ損ねるかもしれない。

私たちの未来に起こることで、唯一確実なものは、私たちが死ぬということだけである。この一点だけが私たちに約束されたものであり、それ以外は全て可能性なのだ。

母はその身をもって人が必ず死ぬということを息子たちに教えた。人が必ず死ぬということは、自分もまたそういう運命だということだ。この事実を前に、私たちは何を考え、何をすればいいのだろう。


生物学的に考えると、全ての生き物は死に向かって生きている。死こそが終着点だ。私たちは、食物からエネルギーを取り入れて自分の生きる力に変換し、細胞分裂を繰り返して、その限界を迎えて新しい組織を作ることができなくなるまで生きて、死ぬ。途中で事故があった場合は、その前に死んでしまう。

ということは、生きるということは細胞分裂を、できなくなるまで繰り返すということなのだろうか。一言で言うと、人はみな、疲れ果てるまで生きるということになるのだろうか。

生物学的にはそうだとしても、人生を見渡してみるとそうは感じない。なぜなら、ここに差し込む光や、鳴り渡る音楽があり、一食分のパンとワインもあるからだ。一緒に食べて、おいしいね、と言える人がいる場合なんかは最高。細胞分裂のかけらも感じない。もちろん、生きていればつらいこともある。それでも私たちは、忘れるという能力も持っている。すべての夜のあとには、朝が来るだろう。

後から振り返ってみれば、こんな私たちでも成長したし、子供たちもあっというまに大きくなった。悩むこともあったし、うれしいこともあった。バカをやったし、真剣にもなった。これを疲れ果てるだけの人生と呼べるのだろうか。この愛すべき人生を。

そして、絶対に忘れてならないのが、この日々が終わってしまうということだ。人生は必ず終わる。

数年後の素晴らしい日々を待つのも、将来の計画を立てるのもいいだろう。しかし本当は、今日がお祭りの当日なのだ。今がフィーバータイムの真っ最中なのだ。だから生きているうちにどうしてもやりたいことがあるなら、今日から始めたほうがいい。

第四章　巣立ち

人は一つのことに悲しみ続けることはできない。何もしなくても時間は経つし、記憶は薄れていく。日常に戻れば、その賑やかな色や雑多な音に心をうばわれ、何かを忘れるスピードも速くなっていく。ハワイから戻った私は、友達関係や期末テスト、通学や日々の食事の準備をする中で、ある種の白昼夢のようだった南の島での体験を思い出す回数もだんだんと減っていった。父も私たち兄弟も日常へと自然に順応していった。

ハワイでの出来事は、あの頃の私に鮮烈な衝撃を与えたが、私はまだ少年だった。母の死をきっかけとして自分なりの価値観を導き出すためには、それから数十年かかったし、何よりも自分自身で体当たりの経験をしないことには、価値観や人生観などが出来上がるはずもない。

母が亡くなったのが、十四歳の時。その次に私の人生に転機が訪れたのは十七歳の時だったが、その間、私は中学校から高校へ進学をしながら、人並みに、いや、人並み以上に、恋をしたり、悩んだり、騒いだりしたと思う。

中学校時代。私の友達は、みな不良だった。中学三年にもなるとまだ初々しかった男の子たちも、そろそろ産毛がヒゲに変わり始め、それなりの格好をすると本格的な不良に見えてくる。あのころはワルいことが、なんともカッコよく感じられた。仲間も私もみんな、なるべくワルくなろうとしていた。

あの子はご両親が離婚して、そのあとでお母さんも亡くなってるからと、周囲からは私が本当にグレているように見えたかもしれない。両親の生き様を目の前で見せられていた私がグレるということはなかったが、周りに勘違いされたとしてもそんなことはどうでも良かった。

父は父で、もともと鳴らした不良であり、男がワルくなくてどうすんだくらいの心意気の持ち主だったから、日々私とコミュニケーションしながら私がワルそうにすることには寛容だった。

漫画の主人公の真似をして背伸びした格好をした。ただ、この格好を、母にだけは見せることができないと心の中で思い、それだけはやましいと感じていた。

田舎の街にも、東京の数年遅れで流行が伝わってきたし、新しい店や道路ができて、転校生もやってきた。大人ぶって音楽を聴き始め、新しく仕入れた言葉で話し、それまで読んだことのなかった雑誌を読み始めた。十代半ばの私は、家庭や学校や、友達と過ごす放課後に起こる色々なことに興味が尽きず、目移りばかりしていた気がする。

初めてタバコを吸った時、そこにいた仲間は全員初めてだったのに、全員が物知り顔でやせ我慢をしたので、そろって気持ち悪くなったことを憶えている。田んぼ道で自転車に乗りながらビールというものを飲んでみたら、思いの外くらくらして、これが酔っぱらうというものなのかと思った。

免許も無いのに森の中の一本道でスクーターのアクセルを全開にし続けると、時速六十キロの風が目に痛くて涙がでた。好きな女の子がいたので、週末のデートに誘おうと電話をしたらお母さんが出て、今お風呂に入ってるのと言われて一体どんなだろうと想像をした。

初体験の連続でみんなが浮かれていた。日々の中でいざこざや事件のような出来事も起きたが、それらへの対応方法も少年らしく、まことにつたないものだった。なんだか、逃げるとか、隠れるとかが多かった気がする。不良生活を送っていると自然にそうなることが多いのだが、それでもこれらは本来、男らしい人間のすることではない。

当時、街で流行っていた音楽の中でも、不良少年たちの心をわし摑みにしたのが尾崎豊の作品群だった。思春期の揺れる心を歌い、かよわい恋の物語を歌っていて、あの頃の私たちのライフスタイルと完全に一致していた。

彼の作品の中でも「15の夜」という楽曲があり、その歌詞の一部を紹介するとこうだ。

〝盗んだバイクで走り出す　行く先も解らぬまま　暗い夜の帳りの中へ
誰にも縛られたくないと　逃げ込んだこの夜に　自由になれた気がした　15の夜〟

私たちは、この歌を大声で歌いながら、盗んだバイクで走り出した。自分たちの歌だという感覚であり、アーティストへの共感という意味では、満点ではないだろうか。私たちは森の中の暗い県道を、細いヘッドライトの光だけで駆け抜けた。ガソリンや砂利道のにおいを嗅ぎ、しめった空気を胸いっぱいに吸いこんでいた。

不良仲間の家に泊まりに行って夜中に抜け出して、田んぼのあぜ道にしゃがみこんでタバコをふかした。ふと見上げたら夜空の星がとてもきれいだった。おお、なんか気持ちいなあ、と語り合い、今夜はなんだか自由だと感じたものだ。

しかし。あれは自由ではなかったのだ。あの時感じたのは、ただの解放感であって、自由とは違う。

世の中の子供の多くは、自分が不自由だと感じているのではないだろうか。学校では先生がうるさいし、家では親がうるさい。よく理由が分からないのに勉強をしなさいと言われ、小遣いも少ない。もっと自由に行動したいのに、できない。そう、世の子供たちが自分が不自由だと感じるのは正しい。なぜなら、本当に不自由だからだ。

自由とは、自分で自分の未来を決めることである。そして、決めるということは、その行動に責任を負うということだ。決定と責任はセットであって、決めるだけ決めて、責任を負わないということはできない。たとえ絶大な権力を持つ人が好きに決めたいろいろなことが失敗し、その責任を部下に押し付けられるとしても、それを見ていた人々の中での彼への信頼感は低下していく。やがて周りには誰もいなくなるだろう。責任から逃れることはできない。好きにしていい、責任を負えるなら、というのが自由なのである。

あの頃の私たちには、責任を負う能力も、自立する能力もなかった。どんな不良も親の保護下にあった。私が知っているなかで、もっとも本格的にグレていた人でさえ、親に食べさせてもらっていた。保護されているからこそ不自由なのに、なぜ生きていけているのかを忘れて、不自由さに対してだけ不平不満を叫んでいた。まるで子供であるが、本当に子供なのだから仕方がない。

しかし、自由を求め始めるというのは、子供が大人になるために避けて通れない道なのだ。大人になると、責任を負う能力を手にいれると同時に、行動を決めることが可能になる。責任さえ負えば、会社を辞めることだってできるし、創業することだって、今日すぐにでも旅に出ることだってできる。そもそも仕事なんかしないという手もあるかもしれない。

決定と責任。子供たちにとっては、この二つのうち、責任の重々しさよりも、自由に決めることの華々しさのほうに、どうしても先に目が行ってしまうのだ。

目が行くという意味では、私たちが異性に対して本格的に興味を持ち始めたのもこの頃だった。男の子は背が伸び肩幅が広くなり始め、女の子は胸が発達して、それぞれ自分の性を意識し始める。

不良少年たちは、このことについて輪になって座って話しこんだ。自分が知らないことを友達から聞いては驚き、誰かの武勇伝を疑いながらも羨ましいと思い、本当にそんなことがこの世にあるのかと想像を膨らませた。そこには、これまで体験したことのない未知の世界が広がっていた。

初恋の味は甘酸っぱいというが、実際は苦い味ではないだろうか。それは、必ずと言って良いほどうまくいかないし、自分の力のなさや恥ずかしさばかりが残る。親兄弟以外との初めての深いコミュニケーションなのだ。うまくできるわけがない。

最初は緊張ばかりしていて、ほとんど何もできない。どこかに遊びに出かけても、手をつないだり、キスをしたりすることばかりを考えているので、楽しんだ気もしない。良かれと思って仕掛けたはずのいたずらで、相手を本当に怒らせてしまう。前の日から考え抜いたセリフを、棒読みのように言っても何も伝わらなかっただろう。そもそも本当にそんな風に思っているかどうかも怪しくて、あの頃の私たちはなんだか大人びた言葉を使ってみたかっただけだった。

　初恋は、たどたどしく不格好で、後悔ばかりが残ったが、それでも、とびきりドキドキした。右も左も分からなかった私たちは、何もできないのに何かをしようとしていた。当たり前だが、初恋はもう二度とできない。

　恋や自由や責任。それらはどれも、子供のころの私たちには縁が遠かったものである。それらが一斉に、遠くの方からにぎやかな音を立てて近づいてきていた。そして、そのどれもが眩しく感じられたし、怖かった。あの頃、新しく知る事がらがあまりにも多く、まるで数年で世界が様変わりしたようにも感じられた。しかし、変わったのは世界ではない。自分たちが、ただ、成長していただけだったのだ。

　そんな不良少年たちがバイクに乗っている間にも、季節は変わり、時は過ぎていった。やがて私たちは中学校を卒業し、多くの者は工業高校に進み、ある者は自動車修理工場に就職した。私がろくに受験勉強もせずに進学校に進めたのは、幼少期からの母の教育の賜物だっただろう。

新しい学校で出会った友達は、それまでの不良仲間とは人種の違う人たちだった。彼らは不良とは違う音楽を聴いていたし、本をたくさん読んできた人もいた。おそらく彼らの親は地元の出身者ではなく、家庭での話し言葉も違っていたのだろう、それまでの私の友達のように茨城県南部の方言も使わなかった。

しかし彼らは、やはりどこか常識的である。教室は静かで、どの顔を見てもタバコを吸わなそうだし、到底バイクを盗みそうにもない。おい、万引きしようぜ、などと言われたら目を丸くする人たちだった。

それでも私は彼らとそれなりに仲良くなった。不良仲間とはできなかった映画の話や本の話ができて嬉しかった。不良仲間と比べると、彼らは自分の将来の話をよくしていた。良い大学に行こうとして日々勉強もしているのだ。将来の話もしたくなるだろう。

しかしその将来は、私にとっては現実的すぎて、彼らの話は地に足が着きすぎていると感じた。国家公務員になろうとしている者もいたし、金融業界で活躍したいという者もいた。どうせサラリーマンだろうな、という人もいたし、親の仕事を継ぐという人もいた。今からだったら、まだ何にだってなれるかもしれないのに、と思った私がどこか現実離れしていただけだったのだろうか。

この頃になると不良仲間たちは、徒党を組んで大きな音を立てながらバイクで走るようになっていた。いわゆる暴走族というスタイルだ。私は昼は進学校に通い、夜は暴走族仲間とバイクで走るという、なんだか不思議な二重生活を送ることになっていた。

こうなると不良仲間たちとの関係もギクシャクしはじめる。仲間意識を持って集まる集団のなかでは、価値観の違うものの存在は許されないからだ。集団が集団でいるために最も重要な要素は、共通する未来像なのである。

髪型や格好が違っていても、見えている未来が同じなら仲間でいられる。そして逆は成りたたないのだ。彼らからは、私ひとりだけが自分たちの知らない世界に住み、可能性を多く持っているように見えたのだろう。それなのに夜だけこちら側に遊びに来ていると見えたのかもしれない。

初めて四〇〇ccのバイクに乗ったとき。そばから見ているのとは違って、またがってみるとガソリンタンクがとても大きく感じられた。アクセルをひねるだけで湧き上がる大きなエネルギーに驚き、自分が片手ひとつでこんなに力強いものを操作できることに感動した。その振動、音、生み出される速度は、明らかにこれまでの子供のおもちゃとは桁違いの力を持っていて、なんだか自分まで強くなった気がした。しかし、そんな気がしただけだったのだ。すごいのは自分たちではなくバイクで、それに気がつかなかったあの頃の仲間たちのうちの数人は、バイクの持つエネルギーに巻き込まれて死んでいった。

不良仲間からだんだんと孤立していった私は、やがて夜はひとりでバイクに乗るようになった。ナンバープレートを外した、音が大きくなるように改造した四〇〇ccの旧式のバイクで、出せるだけのスピードを出すと、危なくて気持ちがいい。同じスピードで走っても、乗り物の安定性や、道の幅などで体感速度は違ってくるのだが、性能の良くないバイクで限界までスピードを上げて、そのままカーブにさしかかると心拍数がはね上がる。ひとりで走るのは気持ちよかったが同時に不安でもあり、警察車両なんかに見つかった時にはどうすればいいのか心配だった。

夜じゅう走り込んで帰ってくると緊張感からどっと疲れが出て、決まったように腹がへって、私はいつも同じ場所に寄ったものだ。家の近くの田園地帯をまっすぐにのびる県道に、カップヌードルの自動販売機がポツンと置いてあった。今ではあまり見かけなくなったが、カップヌードルを買うとそのあとの数分に限って湯が出てきて、その場で作って食べられる販売機だ。見つかるとまずいので、自動販売機の後ろにバイクを隠し、私はいつもカップヌードルをひとりで食べた。
　夜明けの空の下、目の前の県道を走る車もない。湿気を多く含んだ空気が重く、湯を入れて待っている間は腹が鳴った。寒い日なんかは最高である。ふたを開けた瞬間に立ち昇る湯気や、冷えた体に染みこむ熱いスープはすばらしくうまかった。カップヌードルを本気で楽しもうとするなら、夜明けに外に出てひとりで食べるにかぎる。

　結局あのころ、私は友人というものを見つけられなかった。どうにもつまらなくなって午前中の学校から抜け出し、近くの公園のブランコに乗りながら一人でタバコを吸った。何をするでもないので上を見上げてみると見慣れた空があるだけで、面白くもなんともない。家に帰るわけにもいかないので不良仲間の家に遊びに行くが、彼らにかぎって学校にはきちんと通っていた。学校を辞めてしまった者たちは、昼間は働いていた。どこに行っても見慣れたものしかない龍ケ崎の街を自転車でうろつき、公園の原っぱに横になってみると、またいつもと同じ空が見えるだけだった。

退屈だった。私はどの集団にも馴染めなかったし、馴染みたいとも思っていなかったかもしれない。ものすごい勢いで登場した多くの刺激的だったものは、時間がたつと当初の輝きがうすれていった。それまでに両親が渾身の力で私に教え伝えてくれたことに比べれば、それらは結局、刺激的ではなかった。私は、どれにも夢中になることができなかった。

なんとなくやり甲斐のない日々を過ごしているのが分かっていたのだろう。そのころ、父は私の生活に不満げで、一体何をしてるんだ、生きがいを見つけろ、と鼓舞した。十七歳の少年が生きがいを見つけてそれに夢中になって生きるのは、ほぼ不可能だろう。しかし父はそれを望み、真剣に生きていない私に対して腹を立てていた。しまいには、なんのために学校に行っているのか考えろと言い、しかもどうもそれは、何かに夢中になれないなら学校なんかやめてしまえ、という意味で言っているらしかった。

そんなある日。面白くもない毎日を過ごしていた私の暮らしを、大きく変えるきっかけとなる出来事があった。教室の机の上に進路アンケート用紙がまわってきた。

私が通っていた学校は三年生になると理系、文系、文理系にクラスが分かれることになっていた。配られた用紙は、二年生全員に、来年の進路を聞くためのアンケートで、将来どのような職業に就きたいか、そのためにどの大学の何学部に進みたいか、そして来年はどのクラスを選びたいかが質問形式で並んでいた。

まれにだが。絶対にしてはならないと思うことに直面することがある。意味など考えるまでもなく、これは絶対に嫌だと思うようなことだ。直感的にそう思うようなことは、しない方がいい。無理をしてやってみても後悔ばかりが残るし、多くの場合、誇りを持って生きるための基盤を傷つけることになる。

あの用紙を見た時に私が持った気持ちはまさにそれだった。特に気に入らなかったのは、将来の職業を記載する欄で、ここだけは絶対に書いてはいけないと強く感じた。

幼稚園や小学校のころの私たちは、将来何になりたいかを無邪気に答えていた。それはスポーツ選手だったり、警察官だったり、先生だったり獣医さんだったりした。

私の息子が幼稚園児だった時のクラスのしおりにも、みんなの将来なりたいものが書かれている。わが子の将来の夢はトランスフォーマーとあり、残念ながらそれにはなれないだろうが、幼稚園児たちにそれを聞くのと、十七歳の少年少女たちにそれを聞くのは意味が違う。

そろそろ考え始めなければならない時期だという。ある職業に就くための準備期間を考えると、十代後半で自分の将来を決める必要があるという。

本当にそうなのだろうか？　それになるために、五年も十年も準備が必要な職業なんて、あるのだろうか？　私はどうしても納得できなかった。今、決めてしまうことで、失ってしまうものの方が、はるかに大きい気がした。


子供の頃、私たちにはヒーローがいた。その人たちはおおむね立派で、ダメなところもあったが、ずば抜けてすばらしいところがあった。

自分の危険をかえりみず、世界のために戦うスーパーヒーローたち。タイガーマスクや、スペースシャトルの乗組員。高い山に登る人や、長い旅に出る人。ヘミングウェイや、かもめのジョナサンもいた。そして私の父や母。

みんな、むかしは、それぞれのヒーローやヒロインに憧れて、いつかあんな風になろうと思っていたはずだ。私たちはいつから、まともになったのか？　いつから大人の話を鵜呑みにして、身の丈を知るようになったのだろうか？　まだなれるかもしれないのに、なぜ自らあきらめようとするのか。まだ、可能性を使っていないのに。

アンケート用紙の将来の職業だけは絶対に書いてはいけない、それを仮にでも書くということは可能性に対する裏切り行為だと感じた。また、可能性しか持っていない我々に、無神経にもそれを質問できる大人に腹が立ったし、それを聞かれて素直に答えようとしている友達の態度もおかしいと思った。

あの時に感じた強烈な拒絶感は薄れるどころかだんだんと大きくなり、結局、私は進路アンケート用紙を提出する期限の日に、退学届を提出した。


こうなったら、行くしかないのだろう。旅に出るしかない。父からも母からも、なるべく早いうちから海外に行けと言われ続けてきた。母の場合は、おそらくそれは、留学を指していたのだと思うが、学校はもう辞めてしまった。

それに、ずっと気にかかっていたこともある。私は、自分が勇敢でないとずっと感じていた。それまでの人生で、自分らしくないと思いながら、その場の雰囲気や人々の顔色を見て、思った通りの行動をできないことがたくさんあった。

本当の自分だったらこうしないのに。不本意な行動をするたびに、私はそう思っていた。しかし、どんな時も、不本意であれ何であれ、行動したのは自分だったのだ。友達のせいでもなかったし、雰囲気のせいでもなかった。自分のせいなのは分かっていた。

そして自分らしくないと思う行動をするたびに、何かが傷ついていくのを感じていた。誇りや自信というものは手に入れるのに時間がかかるくせに、傷つき失われていくのは速い。

行きたくないが、行くしかないだろう。ここで思い切った行動をして、自分の人生をはっきりとこの手につかんでみたい。

それでも当時、行くと決心するまでに相当、迷ったり悩んだりした覚えがある。言葉も話せない、知っている人もいない土地で一人でやっていけるのだろうか。危ないことはないのだろうか。想像すればするほど心配ごとは多くなり、ぐずぐずしていた私に、父が言った。

玄、男なら荒野を目指せ。

その言葉を聞いた瞬間、私の目の前には、風が吹き、雲が流れ、遠くに山脈が見える広大な荒野が広がった。そして、そこを一人歩く自分が見えた。心底かっこいいと思った。ヘミングウェイで育てられた私は、ゆかりの地の一つであるスペインに行くことにした。

当時は若者が一人で旅に出る際、なぜかアメリカに行くのが一般的だったのだが、こんな時でさえ、他の人と同じ場所に行きたくないと思った私は、やはりあまのじゃくなのだろうか。スペインを中心に、周辺の国を一人でまわるという、粗い計画を立てた。期間は約一年だ。

次の日に、私は上野のアメ横に行って、中国の人民解放軍払い下げと書いてあった大きなカーキ色のずだ袋のようなザックを買い、その中に五日分の着替えとウォークマン、筆記用具とパスポートを詰め込んだ。

旅の資金は母がハワイで旅行中に亡くなったことによって下りた海外旅行保険の保険金だ。本来は大学などへ進むために使うべき資金だっただろう。このような使途に変更したことを母は理解してくれただろうか。

この先一年間、どこに行くのか、何をするのかも決まっていない。泊まる場所も分からない。それは、今まで感じたことのない解放感だった。しかし想像するにつれ、だんだんとその広大さに足がすくむ思いがしてきた。

こういう時に人はやっと理解するものなのだ。これまで嫌だと思っていた、社会に決められたかのような日々、やるべきことが常識として設定されていたこと、誰かの言うことを聞いていればとりあえず無事に過ごせた毎日が、いかにありがたく、楽だったかを。

自分の未来を自分で決めることが自由だ。成人のうちのほとんどの人がそれをできる状態にあるが、それだけではまだ自由ではない。自由になれる状態だ。本当の自由状態になるのは、決めたときなのだ。

そして自由はどちらかというと、辛くてしんどい。危ない目にあうのは自分のせいであり、腹がへったら自分で食べ物をどこからか探してこなければならない。そのとき金がなかったらどうするのか。

不潔にするのも清潔にするのも自分が決める。勇敢になるのか卑怯者になるのか、高潔に生きるのか、ろくでなしになるのかも自分が決める。そしてこれらすべての決定と実行、結果に対して責任を負わなければならない。

十七歳の私が旅に出ようと決めたとき、ただ英雄たちの背中が見えて、彼らを追いかけようとしただけで、自由について深く考えていたわけではなかった。

しかしその旅は図らずも、自由と責任とがセットになっていて、出発前の私はその重さに恐怖を感じた。

こんなつもりじゃなかった、やっぱり……と言いたいところだったが、そんなことを言ったら父にぶっ飛ばされただろう。そして殴られた上に、無理やり行かされる羽目になったに違いない。

出発の日。成田空港まで父に送ってもらった。私たち家族がそこに立つのは、三年前、ハワイから戻ってきたとき以来だ。

私も緊張していたが、父も緊張しているように見えた。そわそわして、何かにうろたえているように見えた。空港への道は私たち家族が、これまでに何度も通った道だ。その途中で、父は道を間違えた。方向感覚と動物的な勘に優れていた普段の父には絶対にないことだ。

あの日の父の様子がおかしかった理由が、今では分かる気がする。心配だったのだ。そしてきっと寂しかったのだ。

紆余曲折がありながらも自分の手で育ててきた息子が旅立とうとしていた。しかも我が家の場合、父と子供たちとの関係は濃密だった。家で食べたほとんどすべての食事は一緒に作ってきたし、子供たちのために割った薪の数は数えきれなかっただろう。途方に暮れた夜に、子供たちの寝顔を見に来たこともあったはずだ。ハンドルを握りながら、思うことは山ほどあったに違いない。

今では、私にも二人の息子がいる。彼らが巣立つときには、私もあのときの父と同じようにうろたえるだろう。彼らの未来の明るさを祈りながら、とても落ち着いてはいられないと思う。

出発ゲートの前に立ち、改めて礼を言うでもないので私も気恥ずかしかった。父と目も合わせずに、じゃあ、と言って立ち去ろうとする私に、父があわてて、おい！　と声をかけた。私たち二人は、恥ずかしがりながら握手をして、父は私の肩をドン、とたたいた。きっと、あれは合図だったのだ。自分で自分の人生のトラックを走り始めるためのピストルの音だったのだ。当時の私はそれにも気づかずに、緊張しながら、出国手続きの列に並んだのだが。

結局、あの日が私にとっての巣立ちの日だった。

すべての哺乳類は何かに守られ、保護されながら育つ。それをする場所として動物には巣があり、人間には家がある。そこには親と子それぞれの葛藤があり、愛があり、絆がある。しかし子供は、家の外にいる時でも家族に守られているのだ。外をブラブラしている時も、いたずらをしている時も、バイクで走っている時も、どんな時も見えない大きな傘の下にいて、家族に守られている。

やがて子供たちは大きな体と判断能力を身につけ、自分の力で生きていくために巣立っていく。

私はすばらしい家で育った。そこは無茶で勝手な人たちが作った家だった。常識に照らし合わせると確かに彼らは家作りに失敗したのかもしれない。そこには、足りないものもあったが、大事なものはだいたい揃っていた。なかでも人にとって特に大事だと思われるものは溢れるほどにあった。

あの日、成田で私が巣立った時から、約二十五年が経つ。その間、私もいろいろな経験をして、少しは大人になった。しかし振り返って思うのは、その後の経験をする際、いつも私の価値観の基盤となったのは結局、両親が私に教えてくれた事柄だったということだ。

いつでも真剣に生きること。常識にとらわれずに自由に考えること。本気で夢を信じていいこと。とても貴重な教えばかりだった。私はこれまで、たくさんの失敗をしたし、悩んだり、迷ったりしてきた。しかし、どんな時も、自分の生き方そのものを疑ったことはない。

二部

第五章　十七歳の旅

十七歳。高校を辞めて旅に出た私は、約一年をかけて、スペイン、イタリア、フランスなど、地中海沿岸の国々を一人でまわった。ジーンズにTシャツ姿、カーキ色の大きなザックだけを持った東洋人の少年は、いろいろなところに行った。

両親からの強烈な教えはあったものの、一人ではまだ何もしたことがないに等しく、自分なりの価値観も持っていなかった頃だ。と言うよりも、自分なりの価値観が作られ始めたのが、あの旅だったのだろう。楽しい夜や、眠れない夜をいくつも過ごして、不安と緊張の中、自分のことを素晴らしいと思ったり、ダメだと思ったりした。

あの旅を通じて最も印象に残っているのは、何と言ってもその初日のことだ。私はスペイン南部アンダルシア地方にあるロンダという小さな町を目指していた。

　スペイン南端の海岸線から内陸に数十キロ、町全体が丘の上に建設され、白壁の家が立ち並ぶ古い町だ。名物の歴史的な橋があるのだが、十八世紀に作られたこの橋の上を今も車が通り、人々が生活のために渡っている。闘牛の発祥の地とされていて、旧市街には古い闘牛場もあり、ヘミングウェイで育てられた私は、彼の小説に度々登場する闘牛というものを一度見てみたかった。

「地球の歩き方」によると、ロンダに行くためには、スペインの首都マドリードから、国内線でマラガという南部の都市に向かう。そこからは長距離バスに乗り換え、数時間かかる道のりだという。マラガの街でどこから、どうやってバスに乗るのかは書いてなかった。それを調べもせずに出発したのは、行けばなんとかなると思っていたからだ。

　あの頃はインターネットも無かった。技術としては生まれていたが、一般市民がそれを使うようになるのははるか後年のことだ。どんなことも、今ほど簡単に調べられなかったし、見知らぬ地では紙の地図を買わないかぎり、自分が今どこにいるのか分からなかった。世の旅人たちの多くが、行き当たりばったりの旅が普通であると考えていたころだ。

　成田空港。父に背中を押されて、飛行機に乗ったのは夕暮れ時だったが、離陸を待っている間にも陽は暮れ続けて、飛び立つ前にはあたりは夜になり、小さな窓から見える空港の建物や滑走路の光がきれいだった。きれいだが、これで関東平野ともおさらばだ。

航空券を見ると、「One Way Ticket」と印刷されていて、それを自分が持って旅立とうとしていることがなんとも誇らしかった。同級生や暴走族仲間は、今、何をしているだろう。きっと家で夕食を食べている時間だ。心配事もなく、安心して、いつも通りの夜を迎えているだろう。

それに比べて、このおれはどうだろう、と思った。ひとり自分だけが安全な家を出て、荒野の道を行こうとしている。これといった夢はまだないが、それを探しに行くのだ。片道きっぷを持って。これがきっと、大人になるということなのだ。エコノミークラスのシートに座り、窓の外を眺めながら、私は心底、自分が素晴らしい人間だと感じた。気持ちが高ぶっていた。

成田からマドリードまでは直行便で、十二時間以上かかっただろうか。到着すると、当然ながらスペイン語圏で、いくらなんでも少しは通じるだろうと思っていた英語が全く通じない。言葉を、少しだけでも勉強してくれればよかった。空港のアナウンスが何を言っているのか、さっぱり分からなかった。

マラガ行きの国内線に乗らなければならないのだが、出発ゲートが決まっていないようである。掲示板には便名の表示があるものの、搭乗口の欄は空白だった。緊張してアナウンスに耳をすまして、一時間ほど待ったのだろうか。無事に国内線に乗ったのだが、どうやってゲートまで行ったのか、記憶がない。辞書を持ってくればよかったと、しきりに後悔していたのを憶えている。

スペインに旅立つにあたって、翻訳のための辞書を買ったのだが、最終的に持ち物リストから外した経緯があった。今の iPhone のような便利な道具はなかった時代だ。その辞書は厚さが四センチほどもあり、重くて、いざ暴漢から逃げるときに邪魔になるだろうと考えた。実際に旅をしてみると、そんな羽目に陥らないためにも、辞書は持ってきたほうが良かったということが分かったのだが、気づいた時にはもう遅かった。

やたらと小さな機体の国内線に乗り、マラガの空港に着くと、そこは南国だった。とはいえ、ハワイなどの海に囲まれたリゾートとは明らかに違う。ジリジリと照りつける日差しと乾いた空気、暑さから南の地方だということは分かったが、何か埃っぽい感じがした。スペインに来たのだ。

知っている人も、言葉が通じる人もいない。やせっぽっちの十七歳の東洋人を、マラガ空港の旅客たちは奇異の目で見ては、通り過ぎて行った。成田で預けた、私のカーキ色のザックがなかなか出てこなかったので心配したが、しばらく待った後、他の荷物に遅れて出てきた。きっと、機体の格納庫の一番奥に入っていたのだ。例の、黒いゴム製の暖簾のようなものを押し分けながら自分のザックが出てきた時には、懐かしさで声をあげそうになった。なにしろ、馴染みのあるものが、それ以外にないのだ。

次に、マラガ市内の長距離バスターミナルから、ロンダ行きのバスに乗る必要がある。この時はとても困った。長距離バスのターミナルといっても、それはどこにあるのだろう。さっぱり分からない。スペインの地方都市といっても、名古屋程度の広さがあるのだ。仕方がないので、道行く人に、ロンダ、バス、と声をかけた。相手にされないかとも思ったが、そこは陽気なスペインだ。みんな驚くほど親切だった。多くの人が、迷い込んできたような東洋人の少年を助けようとしてくれた。彼らは私の希望を理解しようとして、しかし話せないために、それぞれが違った想像をして、私をいろんなところへ連れて行ってくれた。鉄道の駅だったり、土産物屋だったり、ただの交差点だったり。しかし私の目から見て彼らは嘘つきではないと思ったし、本気で、ここだ、ここだ、と教えてくれているように見えた。

　途中、誰かにこれに乗れ！　乗れ！　と強い口調で言われたので、不本意ながらマラガ市内を回る路線バスに乗った。もうクタクタになっていたので、うなだれて前の方に座ったのだが、そういえば座ること自体が久しぶりだ。時計を見ると、午後二時を回っていた。

　龍ケ崎の家を出てから、何時間が経ったのだろう。早朝にマドリードに着き、国内線でマラガまで来て、それから何時間この街をうろついたのだろう。計算するのも面倒に感じた。人間、疲れ果てると考える気力もなくなるというのは、本当だった。そういえば、国際線で出た食事以来、何も食べていない。腹もへった。

　そして乗っていた市内バスの終点が、ロンダ行きが出るバスターミナルだったのは奇跡だったのだろうか。これに乗れ！　と言ってくれたあのヒゲのおじさんの手をとってお礼を言いたい気持ちだった。一時間後に出るというバスのチケットを買って、私は運転席のすぐ後ろに陣取った。もう絶対に迷いたくない。

　目的の長距離バスに乗るくらい、日本だったら小学三年生でもできるだろう。そんなこともできなかった。なんとか乗りはしたが、この無力さはなんだろう。前夜、あんなにスゴイと思った自分は、何もできない人だった。ものすごい敗北感を感じていた。

十七歳の私には、この一日の緊張感は格別だった。疲れ果てていて、ロンダ行きのバスが動き出すと、安心感をおぼえたのだろうか、私は居眠りをしてしまった。目が覚めると、長距離バスはロンダへの中間地点、低いオリーブの木立に囲まれた、峠道のドライブインに入るところだ。

乗客は私の他に四〜五人。皆よく太ったおばさんたちで、運転手とにぎやかに話をしていた。陽気なバスは、陽気に駐車場に停まり、皆が降りていった。私もつられてバスから降りたのだが、それがまずかったのだろうか。

向こうでは峠道でたまに見かけるバールだ。もうすぐロンダに着くという、余裕のようなものが生まれていた。私は店内を見まわし、親切な女店主と話せないスペイン語で話して、トイレをセルビッシオ、ビールをセルベッサと呼ぶことを教えてもらった。

やっと着くのか、遠かったなあ、と思いながら用を足してトイレから出て店内に戻ると、私を見た女店主が驚き、外を指さして何か叫んでいる。見ると、駐車場にバスがいない。慌てて表に出ると、走り去ったあとの土埃が舞っていた。

パスポートも現金も、身体以外の大事なものはカーキ色のザックに入っていて、それを乗せたバスが遠くに見えた。なぜ身体から離してしまったのだろう。痛恨だ。あの時はさすがに生まれて以来初めての本気さで走った。数百メートル先を走っていた長距離バスは、やがて私がいないことに気がついたのか、バックしてこちらに向かってきた。

怒鳴り込んでやろうと思ってバスに乗り込むと、例の陽気さだ。笑顔でごめんごめんと言われ、私はぐうの音も出なかった。客がこんなに少ないのに、大きな荷物を持った東洋人の少年がいたことを、なぜ忘れることができるのだろう。とんでもない人たちだと思った。振り返ると、心配になって軒先まで出てきていた女店主が優しく笑っていた。

それからロンダに着くまでは、一睡もしないで峠道を見つめていたと思う。ロンダに着いてバスを降りると、街はずれだ。そこからまた一時間程度、ふらふらになりながら街の中心地まで歩いた。

出発した時は重くもなんともないと思っていたザックが肩に食いこんで痛かったし、買ったばかりの新品を着てきたはずのジーンズもTシャツも、なんだか薄汚れている。天気は良かったが、夕方になり影が伸び始めていて、寂しかった。

旧市街の中心である闘牛場の前の広場に着いた時には、しばらくの間、放心状態になっていたと思う。緊張して旅立ち、何度も心配になり、道に迷い、やっと着いた。着くとは思っていたけど、本当に着いた。

達成感を感じるには体が疲れすぎていて、腹ペコだった。そして、十分に想像していたことだったが、見知らぬ異国の地で、私はひとりぼっちだった。大変な思いをしてここまで来たのに、それを伝える人がいない。親や兄弟じゃなくてもいい。友達や知り合いでなくてもいいから、誰でもいいから、頑張ったことを伝えたいと思った。

町は夕暮れ時、街角のパン屋からいい香りがしていた。本来、夕暮れにパンは焼かない。後から知ったが、次の日に予定されている、人々が聖母マリア像を担ぎながら町中を練り歩く祭りの準備のためだった。表のドアが閉まっていたので、私は裏口にまわって、田舎風の小さなパンを一つ売ってもらった。片手でつつめそうな小さなパンはまだ温かく、割ると中はふかふかでいい香りが湯気とともに立ちのぼってきた。

ロンダの街角のパン屋のひさしの下で、私は小さなパンを食べながら泣いた。この二十四時間、いや四十八時間なのかもしれないが、いろいろなことが起きた。龍ケ崎から出発して、ずいぶん遠くまで来た。その間に、自分を心底誇らしいと思ったし、何もできない馬鹿者だとも思った。

不安で寂しかったが、それを押して行動してきた自分は勇敢だったのだろうか。それとも、不安がる時点でやはり臆病者だったのだろうか。分からない。整理できない気持ちで心がはちきれそうだった。

パンを食べながら涙が止めどもなく出てきて、食べにくくて困ったのを憶えている。そのうち、自分でも驚くくらいの涙が溢れ出し、もういいやと思って、思いっきり泣きながら思いだしていたのは、母のことだ。今日、この一日の自分を、母が見たらなんと言っただろう。褒めてくれただろうか。

母が死んだ時。病室にはたくさんの人がいて泣くのが恥ずかしかった。それまでも、自分は人の目を気にしすぎる、もっと自由にふるまえないのかと悩んでいたのだが、母が死ぬという時でさえ、私は人の目を気にしてしまった。自分を疑ったし、実はそんなことでも傷ついていたのだと思う。ハワイではそのあとも、父に財布を預けられていたので、まともに泣けなかった。そう言えば、あれ以来、一度も泣いたことがなかった。もしかしたら、あのロンダの街角で、私は初めて母の死を理解し、それを受け入れたのかもしれない。

私が南ヨーロッパを旅したのは一九九〇年から一九九一年にかけてのことだった。スペインは今でも、あんなにのどかで、美しいのだろうか。龍ケ崎からやってきた少年にとっては、そもそも何もかもが本来より鮮やかに、美しく見えていた可能性もある。

その年のスペインは、二年後のバルセロナオリンピックを前にして、どこへ行っても道路や壁の工事が行われていて、ホコリっぽかった。しかし宙を舞うホコリやチリさえも、南ヨーロッパ独特の直接的な太陽光線があたり、キラキラと輝いて見えた。

一キロくらいの長さのロンダのメインストリートは、いつでも歩行者天国になっていて、服屋、靴屋、銀行、CDショップが並び、なかでも一番多かったのは、軽く飲み食いができるバールだった。その軒先には、道にはみ出る格好でテーブルや椅子がたくさん置かれていて、夕方になると人々はこのメインストリートに繰り出し、老いも若きもめいめいに好きなものを食べ、飲んでいた。私も旅人ながらその中に混じり、勇気を出してビールや生ハムを注文し、相席になった地元の人たちとコミュニケーションを取ろうと頑張っていた。

ある夕暮れ、メインストリートの一帯が停電になったことがあった。西の空に、わずかな夕陽の名残りがあり、すべての電球の光が消えた通りで、人々は空の明かりを頼りに飲み食いを続けた。空全体にわたって、光から闇への完璧なグラデーションを見せていて、東の空ではもう夜が始まり、いくつかの星も見えていた。

気温が下がる中、空気が少しだけ湿り気を帯び始めたが、目の前のワインやトリッパの煮込みは、いつもよりもはるかに瑞々しく感じられた。電球の光のせいで、普段は気がつかないが、本当はこうなのだ。こうして、乾ききった夏の一日は終わるのだ。

電気が来なければ仕事にならんと、店主たちもテーブルに来て、お客たちと一緒になって飲み始めた頃だ。突然、すべての電気が点き、通りが煌々と照らされた。そこにいたロンダの人たちは皆、総立ちになり、歓声と共に拍手を送った。あの時は私もつられて、一緒になって明るさをたたえてしまったが、停電の復旧と共に、あの一瞬の、すばらしい夕暮れも終わっていった。

あの旅を通じて、私は世界の美しさを何度も目撃した。行った場所が良かったのか、時代が良かったのか、それとも私の状況や年齢がそうさせたのだろうか。

イタリア山間部の小さな村の真ん中には教会の尖塔が立ち、その周りを無数のツバメが飛んでいた。その一羽一羽が夕陽を反射させて、まるで光の粒の大群に見えた。月明かりの下、岩肌の峠の道を一人で歩くと、その夜は、月の光と星の光だけで世界の端まで見渡せるくらいに明るかった。

太陽の光が燦々と降り注いだヌーディストビーチ。光と水しぶきの中、思い切り遊んでいた女の子たちは生命力に溢れ、下心を超えて、美しい生き物に見えた。

低いオリーブの木は優しく揺れ、教会の門に彫られた彫刻は恐ろしく、見晴らしのいい丘の上でガスバーナーで熱したチョリソは、すばらしくうまかった。

チーズやワインは野性味に溢れ、米の芯が残った手作りのパエリアは不器用さと真心の味がした。道端の手押し車の上で作られる砂糖を絡めたアーモンドは、香ばしくて熱かった。

世界は美しい。普段は日常の下に隠れていて見えない。しかし、たまに、光と影と湿度の具合や、塩分と脂分の絶妙なバランス、サウンドとビートの奇跡的な組み合わせなどによって、はっきりとそれが分かる時がある。ここは生きるに値する、美しい世界だ。

旅の最初の頃に買った地図が、今でも手元に残っていて、それを見ると感慨深いものがある。全ヨーロッパの地図で、ロシアはソビエト連邦と記載されていて、ドイツも東西に分かれている。

私は、徐々に足を延ばし、やがてフランスやイタリア各地をまわった。持ち金のことを気にして、最初の頃はよく野宿をしたが、何も、人里離れた場所でするわけではない。そんな知識もなかったし、装備もない。例えば、街中の公園で野宿をする。これはこれで危ないのだ。野生の動物も恐いのだろうが、見知らぬ人間はもっと恐い。

スペインやイタリアの田舎町の公園のベンチの上で弱そうな東洋人がひとり眠っていたら、どういうことになるのだろうか。おそらく、身ぐるみ剝がされるくらいのことが起きるだろう。のどかに見える村にも、ワルや若者たちはいるのだ。龍ケ崎にだって、あんなにいたではないか。

だから木の下や茂みの中に隠れて眠ったが、地面は湿っていたし、虫も多く、緊張して良く眠れないので、お決まりだがユースホステルを利用することにした。ユースホステルとは世界各地にある旅行者向けの安宿のことだ。

当時の南ヨーロッパには大勢のバックパッカーが旅行をしていて、彼らの多くがユースホステルを利用していた。見た所、アメリカやヨーロッパの他の国からきた人々で、歳は大学生くらいが多かっただろうか。年齢は私よりも少し上に見えたし、身体も私より一回り大きく、夜はそれぞれの母国語で遅くまで話をしていてうるさかった。

私は、そんな彼らに対しても不安を感じたので、宿で部屋が一緒になりそうな人たちに対しては、自分は「カラテ・ブラックベルト」だと、あらかじめ伝えておいた。本当は持っていない。練習をして実際に黒帯を持っている人々には申し訳なかったが、この一言を言っておくと、安全性が高まるのだ。

ただ、これが効かない時もあった。なんだか寝苦しくて目をさますと、知らない男が私のベッドに入ろうとしているところで、必死で逃げ出したこともあった。夜の町に飛び出し、繁華街をさまよったらチンピラのような者がたくさんいて、また恐かった。

それでも、旅を続けていれば、それなりに慣れてくる。半年も経つと、旅人としての自信も付いてきた。私はパスポートと現金をブーツに入れて、身体から離れる可能性のある荷物は、失くしてもいい物にしていた。半年間、言葉が通じなくても、なんとかしてきたし、どの国にいても肉を食べたい時は肉の絵を描けば、大体肉が出てきた。

結局のところ、あの旅で私が手に入れたのは自信なのだと思う。それは、成功する自信とか、何かをうまくいかせる自信ではなく、それ以前の基本的な感覚、自分は生きていけるという感覚だ。行きたい場所を選び、自分の身を心配し、守り、そこまで移動する。たくさんのものを見て、おいしいものも食べている。仕事をしているわけではないが、生きていけているかどうかと言えば、紛れもなく、生きている。

もちろん、荷物はあった方がいい。ただ、失くしたら失くしたで、なんとかなるだろう。旅の資金は、母の保険金だったが、これも同様だ。どこかで無一文になっても、それはそれでなんとかなるだろう。皿洗いをさせてくれそうな店は、いくらでもある。死にはしない。

龍ケ崎では、居場所がないと感じていた。しかし最小限の荷物を持って移動し続ける旅の最中、私は居場所がないと感じなかったし、居心地が悪いとも感じなかった。なぜなら、この旅こそが居場所だからだ。

そもそもが、こういうことだったのではないだろうか。場所や、集団に定着して、そこを居場所だと思う方が間違っているのかもしれない。どんなに移ろいやすくても、不安定でも、この旅が、というか、この変わりゆく人生こそが私たちの居場所なのだ。むしろ所属や肩書きの方が、よっぽど移ろいやすいものだろう。自分の身体と地面さえあれば、人は生きていくことができる。それを全身で覚えた旅だった。

スペイン北部を回っていた時のことだ。山あいの小さな村に数日間、滞在したことがある。たまたま、年に一回の村の祭りの日に到着した。この祭りは三日三晩続く。三日間、みなで飲み食いし、楽しみぬくのだ。祭りは最初から最高潮で、村に数軒しかない料理屋に全員がすし詰めになり、タバコの煙とひどい喧騒の中で飲み食いが始まった。カウンターとテーブルの上に、所狭しと食べ物が並べられ、みんなで自由にそれらを食べる。どう見ても食べ放題に見えたのだが、あの支払いは一体誰がしていたのだろう？　今思うと不思議だ。

祭りの日にたまたま村にやってきた東洋人の少年を見て、彼らは大歓迎だ。珍しがられて、話しかけられ、肩を組まれ、私がビールを飲み干す前からワインが用意され、それを飲み干すとシェリー酒やグラッパ、アブサンのようなものが次々と出てきた。

私が生まれて初めての二日酔いを経験したのはあの小さな村でのことだ。二日酔いは今でも強烈だ。気持ち悪くて、頭が痛くて、何もする気がしない。これまで生きてきた中で、死んだほうが良いと思ったのは二日酔いの時だけだ。そんなになるまで飲まなければ良いと分かっているのに、今でも定期的に二日酔いになるのはなぜだろう。

あの数日間、やっと二日酔いが良くなってきたと思うと、また次の晩餐が始まった。頭の中がぐるぐると回り、私は薄らぐ意識の中、笑いあううるさい人々、たまに起こる喧嘩、きれいな人、目の前の料理をぼんやり眺めていた。恥ずかしながら、村人たちの前で日本語の歌を大声で歌った記憶がある。

あの小さな村の名前も、そこまでどうやって行ったのかも憶えていない。初めての二日酔いを教えてくれた、あの小さな村に、私はもう二度と行くことはないだろう。

イベリア半島の最南端に、海に突き出た形で、ジブラルタルという山がある。ここはイギリス領で、昔のアフリカ方面への備えなのか、軍事基地もあり、スペインからは国境ゲートを越える必要があった。ロンダで仲良くなった雑貨商店を営む友人と一緒に車に乗って、私は何度もジブラルタルに行った。

彼の雑貨店では、タバコが一番の売れ筋商品で、ジブラルタルでは、スペイン本国でタバコを仕入れるよりも安く買えたので、その仕入れのためだ。しかし、ジブラルタルからスペイン本土に個人が持ち込めるタバコの量は、ひとり二カートンまでと決められていた。

私たちは古いワゴンタイプの車でジブラルタルに入り、昼は安い店でハンバーガーなどを食べ、その後でタバコを売っている店を数軒回って、これでもかというくらいタバコのカートンケースを買い集めた。それを車のシートの下、引き剝がしたカーペットの下、ダッシュボードの中、荷台の裏、そして乗員の尻の下に隠し、スペイン本土への出国ゲートを通るのだ。もちろん、私と彼は、ひとり二つずつのカートンケースを持っている。

あれはきっと密輸だった。店の利益を大きくする魂胆だったのだろうが、正規仕入れに比べて、その差分はどれくらいだったのだろう。あんなリスクを負う必要があったのだろうか。

ちなみに、彼の雑貨店が開店するのはゆっくりで、午前十時。そして十二時から昼休みにする。家に帰って、老いた母親と一緒に昼食を食べて昼寝をして、午後、店を開けるのは十四時からだ。そこから三時間営業をして、十七時で店を閉め、シャワーを浴びて市街地のバールに繰り出す。そして連日のように、陽気に飲み食いをしていた。

私もあの店の店番をしたことがあり、確かにタバコは売れたが、そんなに頻繁に客が来るわけでもない。不思議に思って、遺産でもあるのかと聞いたところ、そんなものはない、おれには店があるだけだと答えていた。

当時の日本人は自虐的に、自分たちのことを働き蜂だと呼んでいた。働きづめで、人生を楽しんでいないと考えていた。経済は発展して豊かかもしれないが、自分たちの人生は豊かではない、そんなふうに思っていた。本当にそうだったのだろうか。

死ぬほど働いてもいいし、陽気に楽しんでもいいだろう。しかし、ツケも貯金も必ずたまるのだ。あの商店を営んでいた私の友人は、今、何をしているのだろう。


喧騒と眩しさと砂ぼこりの中、私の十七歳の一年は過ぎていった。静かな夜もたくさん過ごした。ユースホステルの部屋で、安いホテルのベッドの上で、その日の出来事を思い返し、自分のたくましさを誇りに思ったり、弱さを情けなく思ったりした。そして出発前に父に持たされた一冊の本を、何度も何度も読み返した。

「アウトサイダー」というこの本は、コリン・ウィルソンという人が若い頃に書いたもので、ざっくり言うと人間にはインサイダーとアウトサイダーの二種類がいて、人類の数パーセントしかいないアウトサイダーが科学や芸術の先端を行くという内容だ。今思うと、無理に普通の人と天才を分けようという内容で、しかも作者が若いため、生意気で、不器用で、不敬だ。先日、読み返そうとしたら、なんというか、若さに当てられて、数ページしか読めなかった。

しかし十七歳、ひとりぼっちで旅をしていた私は、あの本を読んで心から感動していた。

自分こそがアウトサイダーだと思ったし、何もやったことがないのに我こそは天才かもしれないと思い始めた。

親たちのロマンス、自分の初恋、これらに並んで、青春時代の自我の隆起は、恥ずかしくて想像したくない、思い出したくないものに数えられるだろう。

私は、夜な夜な、たくさんの詩を書き、恥ずかしながら自分についての論文のようなものも書いた。今もそれらは私の家の物置の中で段ボール箱に収まっているが、この箱を開けて中身を読む勇気は、私にはない。

青春時代、多くの人たちが自信過剰になるだろう。私もそうだったが、今思うと、一般的な量をはるかにオーバーしていたのではないか。自分は何でもできると感じていた。何でも、望んだものになれると思った。これは生きていけるという基本的な自信ではなく、その先の自信であり、つまりは過剰分だった。

旅が一年を過ぎようとする頃、私は帰国することに決めた。もうこの辺りをうろうろするのは十分だろう。覚えるべきことは覚えたのではないだろうか。だとしたら、早く自分の力を試してみたい。なにせ、アウトサイダーで、天才なのだ。

どうして、自分のことをあんなふうに思えたのか。あの根拠のない、とてつもなく大きな自信は、どこから来たのか。いや、そんなことはどうでもいいのかもしれない。無様でもつたなくてもいいのだ。ある命がこの世に生まれ、一通りの能力と身体の大きさを身につけた時を青春と呼ぶ。まだその能力も身体も使ったことがないのに、嬉しくて仕方ない。そんな時、私たちは興奮せずにはいられないのだ。

若草の匂いは初々しくも感じるし、青臭くも感じる。しかし彼らをよく見ると、その時にしかないツヤとハリがあって、空に向かって力のかぎりに伸びようとしている。

そして彼らはやがて失敗をする。走り出すスピードが速ければ速いほど、その勢いが大きいほど、大きな失敗をするだろう。そして、失敗は大きいほど、良い学びになるのだ。

私の二人の息子も、やがて青春時代にさしかかるだろう。思う存分、生きて欲しいと願ってやまない。恥ずかしくても、情けなくてもいいのだ。それでいいのだ。決してブレーキをかけるなと言いたい。

第六章　天才

ヨーロッパ各地を歩いていた時、倉庫や駅舎の壁に「BOSS」という落書きがされているのをしばしば見た。スペインでもイタリアでもフランスでも見たので、一体なんのことだろうと思っていたのだが、ある晩、ユースホステルで同室になったバックパッカーから、それがブルース・スプリングスティーンの愛称であること、アメリカのロックスターなのだが、ヨーロッパでもすごく人気があることを教えてもらった。遠く離れた田舎町の若者からボスと呼ばれるのはどんな気分なのだろう。

ブルース・スプリングスティーンは、一九八〇年代のアメリカンロックブームの立役者でもあるのだが、現在もまだ大活躍している。男の中の男とも呼ぶべき人で、真剣で、真摯な活動を何十年も続けているというのは、プロの心得とかそんなものではなく、本人の人間性なのだろう。いつでも本気になって歌うその姿には、今でも感銘を受ける。

帰国後、私は「Born to Run」というアルバムを初めて聴いた。サウンドや声はもちろんだが、何より感動したのは、その歌詞だ。いろいろなアーティストを知っているつもりだが、彼の歌詞の文学性の高さはずば抜けている。

私だって、詩なら売るほどあるのだ。それまで私はてっきり、自分が詩人か作家になるものだと考えていたのだが、彼との出会いはこの考え方を改めさせた。詩を表現する方法として、ロックもありなのだ。音楽にすると文字だけではない、サウンドもメロディーもあるし、声もある。その全部を使って詩の世界を表現できる。それに、作家になるよりもロックスターになった方が派手だ。


十八歳の私は単純だった。ロックスターになることにした。ギターを買い、最初に覚えた四つのコードを並べ替え、自分の曲を作り始めた。歌詞には困らない。きれいなコードを並べてギターを弾いているうちにメロディーは自然に浮かんできた。

当時の私の音楽スタイルは、アコースティックギターを弾きながら歌う、いわゆる「弾き語り」というもので、ロックスターになるにはバンドが足りなかったが、そんなものを用意していたら時間がかかる。どんなロックスターも、きっとこのスタイルから始まったのだ。

　当時の作詞ノートが今でも残っていて、それを見返すと恥ずかしくてたまらない。なぜこんなにも？　と思うくらい、自分のことについてばかり歌っている。それがよほどの関心事だったのだろう。十代の終わりとは言え、あまりにも自己中心的だった。自分の思いや理想を表現したくて、はち切れんばかりだった。

　その上、性急だった。急いで自作の曲を十曲、アルバム一枚分の曲を用意した私は、数人の友人に声をかけて手伝ってもらい、龍ケ崎市の市民文化会館の小ホールを借り切って無理やりのコンサートを開いた。お客さんは自分が中退した高校の友人たち、先生たち、親の知り合いなどで、六十人くらい集めただろうか。知り合いを頼ってスピーカーやマイク、ＰＡシステムを調達し、チケットをデザインしてコピー機で印刷し、そのチケットにはミシン目をいれてお客さんが思い出に半券を持って帰れるようにした。宣伝をして、受付係を立てて、自分のコンサートを開催した。しかもあのチケット、確か千円か千五百円で、売ったのだ。恐ろしいことだ。

　こうして私は生まれて初めてのステージに颯爽と出て行き、自作の歌を気分良く歌い、お客さんが満足していることを信じて疑わず、コンサートは大成功だったなあ、と思った。あの日、龍ケ崎の文化会館でそれを見ていた人たちは、何を思ったのだろう。

　ここまで、ギターを買ってから数ヶ月のことだったと記憶している。そして自慢の曲をカセットテープに吹き込んでレコード会社に郵送したら返事があり、音楽事務所が決まってしまった。いきなり専属アーティスト契約というものを結び、少額だが月々の報酬ももらうことになった。やはり、そうだったのか。そうだろうとは思っていたが、やっぱり、おれは天才だったんだ。

　思えば、あの流れが悪かった。流れのせいにするつもりはないが、その後の数年間の私の行動や態度が、自分が天才であるという前提に基づいてしまう原因になった。そもそも自信満々になってスペインから帰ってきて、ロックスターになろうとする若者で、根拠のない自信に溢れていたのだ。そして、契約までの綺麗な流れが、それを確固たるものにしてしまったと思う。

　もし私が本当に天才だったなら、それでも良かった。しかし、そうではなかった。あんなにも天才だと思いつめた自分、あれは勘違いだったのだが、それは今だから言えることだ。

天才には努力なんて必要ないと思った。努力などというものは凡人がするものだからだ。おれは放っておいても成功するだろうし、こちらから出かけなくても人々が自分を必要とするだろう。そう信じてやまなかった。

後に、ある人に聞かれたことがある。あの当時の自分に会うことができたら何を伝えるかと。伝えるも何もない、殴る。殴って気付かせたい。本当はそうじゃないんだ、頑張らないとダメなんだ、と気付かせたい。


事務所の社長に見込まれ、ライブの日程が組まれ、バックバンドをつけてもらった私は、初めてリハーサルスタジオというものに入った。それから数年間、いくつかのバックバンドと一緒にリハーサルをしてステージに立ったが、彼らには申し訳ないことをした。当時の私は、ありえないほど生意気だった。

目上の人と敬語も使わず話し、天才なので威張っていたし、スプリングスティーンになったつもりで、ここをこうしてくれとプレイの指示をした。たまに意見されると怒り、弱いところを突かれると必死になって反論した。周りの大人たちに甘えていたのだ。

当初はなんとも思っていなかったステージに立つという行為は、回数を重ねるにつれて緊張するようになり、しまいには、それがとても怖くなっていった。こんな時は自分が怖がっているのを隠そうとして、周りの大人たちに八つ当たりをして、随分と迷惑をかけたと思う。仕事じゃなかったら、付き合ってもくれなかっただろう。

ライブハウスに初めて出演した時。そこは思ったより小さくて、お客さんも少なかった。私の友人数人と、事務所が手配してくれたサクラ的な人たち、あとはその夜に出演する他のアーティストのお客さんが少しいるだけで、全部で十数人だったろうか。リハーサルスタジオで何回も練習してきたのに、東京ドームとは随分違う。半ばふてくされてステージに立ったのを憶えている。

音楽時代を通じて、私は何回ステージに立ったのだろう。十年近く、多い時には一ヶ月に三回や五回のステージがあったので、その数は数百回にのぼることになる。

初めてバンドと一緒にプレイをした時。その大音量は気持ち良かったし、スピーカーから流れる自分の声は客席に響き渡っていた。ステージの真ん中に立って、スポットライトを浴びて、自分の歌を歌う。その場にいる人たちみんなが自分を見ているというのは、やはり気分の良い体験だ。

気分が良いのだが、その反面、責任もある。人々がなぜ見ているかといえば、期待や興味があるからで、ステージに立つ者はこれに応えなければいけない。龍ケ崎市市民文化会館での私は、怖いものしらずだった。何も考えず、思いっきり歌うことができた。

しかし、経験を重ね、練習を重ねていくと、怖いものが増えてきて、堂々と歌うことができなくなった。堂々としているフリをするので精一杯だ。歌の練習をし、動きの練習をし、ステージのことを想像する時間が長くなればなるほど、失敗を恐れるようになった。

これらの怖さについては、ステージに立つ者以外でも、プレゼンテーションや試験など、多くの人たちが、人生のいろいろな場面で直面するものなのではないだろうか。

たちの悪いことに、練習をすればするほど本番の前で緊張しやすくなる。そして、失敗を恐れている時ほど、人のパフォーマンスが低くなることはない。では、大一番を前に、私たちはどうすればいいのだろうか？

残念ながら、これをすればオーケーという解決方法はない。ただ、練習をし抜く、という手はある。可能な限りの時間をそれに費やし、これ以上できないと思うくらいまで準備するのだ。私の経験では、これをやると確かに失敗が少なくなる。考える時間が多くなるから緊張や恐怖は増えるのだが、それでも体が覚えてくれているということもある。結果的に失敗は少なくなる。

それよりももっと良いのは、失敗そのものに慣れてしまうという手だろう。失敗は、していないから怖い。大失敗を一回でも経験すれば、それがだいたいどんなものか分かる。知らないよりはるかに良いだろう。そしてたいがいの大失敗は、私たちが想像しているほど、ひどいことにならない。失敗や敗北に慣れてしまえば、そもそも怖いものが無くなるので、緊張に対してこれほど強いことはないだろう。

ただし、こうなるためには、人前で死ぬほど恥をかく必要があるだろうし、敗北感で眠れない夜を幾晩も過ごす必要があるだろう。そして、その過程で誇りや自信が失われないのかどうか、私もやったことがないので分からない。

結局、大一番を前に私たちにできる最良のことは、昔から言われているように開き直ってしまうことしかないのかもしれない。

あんなにも意気揚々と始まった私の音楽活動は、一年も経たないうちに暗礁に乗り上げそうになっていた。幕が開く前から歓声に包まれ、色とりどりのライトに照らされて登場し、自分を待ってくれていた人たちと一緒に歌う、あの私の東京ドームはどこにあるのだろう。何回もライブを重ねたのにお客さんは増えなかった。

当時の私は、音楽活動に本腰を入れるために龍ケ崎から東京都内のアパートに引っ越していた。上手くいかなかったライブの帰り道、最終バスを待つ長い列にサラリーマンの人たちと一緒に並び、大きなギターケースを持っているせいで迷惑がられながら満員のバスに乗った。金がなかったので缶ビールを一本だけ買って、誰もいない部屋に戻った。

想像していた暮らしと随分違う。こんなはずがない。その夜のステージは、最初から崩れた。約一時間の出演時間だったが、最後までペースを取り戻すことができなかった。思い返せば、用意されていたマイクの高さがマズかった。ステージに出てきて、振り返りざまに歌い始める段取りだった。あんなに練習をして、あんなに打ち合わせたのに、なんでマイクの位置が低かったのか。あそこでカッコよくないと、もうダメなのに。

その夜、ステージが終わった後、私は楽器やマイクの準備をしてくれる人を呼びつけ、ひどいことを言った。マネージャーやバックバンドの人たちを集めて、ひどいことを言った。

そんなことをくりかえしているうちに、簡単に時が過ぎていった。私は自分が天才であるという思いに取り憑かれていた。いや、今思うと、しがみついていたというほうが正しい表現かもしれない。分かる気もする。なぜなら、それ以外に拠り所が何もなかったのだ。あの頃の私は、何か上手くいかないことがあると、それを他人のせいにした。だって、自分は天才なので、本来はなんでも上手くできるはずだからだ。

なぜあの頃、周りの大人たちが何も教えてくれなかったのかと、恨み節を言いたくなることがある。しかし、これこそが逆恨みだろう。誰が何を言っても当時の私はその助言を聞かなかっただろうし、実際には、誰かが何かを言ってくれていたのかもしれないのだ。

天才なのに、いろいろなことが怖くなり始め、自分の書く曲にも自信が無くなってきた。そのトンガリ具合と激しさに、一点の迷いもなかった初期の楽曲群に疑いを持ち始め、人々はやはり、流行歌のような色恋沙汰を聞きたいのではないかとも思い始めた。

それから数年間の私は、自分の思いと周囲のリアクションの間で揺れ動き、なんとか自分の状態を浮上させようと焦り、性急な試みをしては、早急な決着を望んで中途半端な結果になることが多かった気がする。

良いライブや悪いライブをしながら、この間に数回、音楽事務所を移籍したり、レコード会社のオーディションを受けたりしていた。

一九九七年。私は二十四歳になっていた。音楽を始めて、もう五年が過ぎていた。まだインターネットでの音楽配信も広まる前、音楽業界は堅調で、企業とのタイアップで派手なＣＭが作られたりしていた。軽めだが派手なサウンドをバックにして、好きや嫌いの色恋沙汰を歌うアーティストたちが時代を謳歌し、売れに売れていた。

ブルーハーツや尾崎豊、スプリングスティーンから影響をうけて始まった私の歌は、時代に照らし合わせて汗臭いと言われることもあり、そんな時は、おれの歌が分からないこの人はなんてバカなんだろうと思った。しかし夜、一人の部屋に帰ってくると、自分がバカなのかもしれないと思うのだ。

おれは天才じゃないかもしれない。ギターケースを持ちながら四ツ谷駅の階段を上っていた時に、初めてそう思った瞬間を、今でもはっきりと憶えている。自分が一瞬でもそう思ったことが衝撃的だった。でも、そんなことは認めるわけにはいかないのだ。

そんな日々を過ごしていた頃、私にもやっとチャンスが回ってきた。有力な音楽プロデューサーが私の音源に目を留め、スポンサー付きでレコード契約をしないかという話が浮上したのだ。その人に会ってみると、スプリングスティーンが大好きだと言い、私は、これはうまくいくかもしれないと思った。この人は、それまで私が在籍していた事務所に迷惑料のようなものを払って私を引き抜いてくれ、私は新しい会社と契約をした。

チャンスだ。歌い始めてから、私の音楽のスタイルはすでに数回変化してきた。アコースティックギターと歌だけの素朴だったスタイルからバンドが付いてアメリカンロックスタイルへ、バンドサウンドにも慣れてくると、世界観を重視する重厚なサウンドへと変化してきた。サウンドが変わるとメロディーも楽曲の構成も変わるし、歌詞も変わる。

ただ、歌い始めた当初から比べると随分と普通になってきたと思っていたのも事実だ。当初の鋭さやトンガリは影を潜めて、随分聴きやすい音楽になってきた。そしてスポンサー出現のこの時、チャンスを前にして、私は自分のスタイルをさらに変化させた。結果、より歌謡曲に近づいてしまったのは分かっている。

ライブで新しい曲を披露すると、それまでのお客さんからは以前の方が良かったと言われた。これを繰り返すと、やがて彼女らはいなくなった。それまで私を支えてきてくれたバックバンドのメンバーにも、新しい方向性はどうなのかと言われた。

そんな仲間の中でも、当時のギタリストには大変に世話になった。この数年、私は新曲ができるとその人の家に行き、二人で録音をしたものだ。夜、腹が減って、二人でコンビニまで買い物に出かけた。暑い日も寒い日もあったが、一緒に歩道を歩いた。そんな時、彼には何の報酬も出ていないのだ。それなのに彼はいつも快く受け入れてくれて、一緒になって曲のアレンジをして、一緒になって私の音楽のことを考えてくれた。

新しいプロデューサーがついたあの頃、私が行こうとしている次の方向性に一番危機感を持っていたのは彼だったと思う。これでは寺尾の良いところが出ていない、こんな曲はダメだ、もっとこうしたらどうか、私の知らないところで直接、プロデューサーに掛け合っていたようだ。これがアダになったのかどうかわからないが、それまでのバックバンドは全員クビになり、新しいバンドが用意された。

バンドが入れ替えになった時、私は良心の呵責を感じた。ここ数年の自分の音楽活動は、彼がいなかったら成り立たなかったはずだ。だけど、だけど、そんなことを言っている場合じゃないのだ。

夢見たステージに立てるということを自分に証明しなければならない。今度出会ったプロデューサーは、もう実際に何人ものアーティストを有名にしている。新しい人たちの話をよく聞き、なるべく売れる歌を作りたい。それの何が悪いのか。

無茶で明るく、大酒のみだったが、私は今だに彼ほどの耳と腕をもったギタリストに会ったことがない。私は彼のことを裏切ってしまった。

今回のプロジェクトに金を出す人だと紹介され、スポンサーである大きい会社の社長と食事をしたことがある。銀座周辺の高い中華料理店だった。食事中、その社長に将来何になりたいかと聞かれ、私は驚いた。大人ってやっぱり最低なのだ。

ロックスターになろうとしている私に金を出すということだが、尋ねる前に分からないのだろうか？　そうか、どうでもいいのか。そちらがそうなら、こちらもどうでもいいのだ。自分がやりたいことができれば、それでいいのだから。

プロジェクトの資金が準備され、新しいバンド、新しいスタッフが集められた。私のプロジェクトのためのピカピカの機材も用意され、私はそれらと共に、リハーサルに入り、ライブやレコーディングに向けての曲作りを始めた。新しい人たちの助言の中には納得できないものもあったが、この時の私はとにかくそれを聞き入れようとした。

ある程度曲が準備できると、それらを録音するために、レコーディングスタジオに入った。当時、東京・池尻の川沿いにある大きなスタジオによく通った記憶がある。私たちが使っていたのは何百畳もある広いブースのスタジオで、通常、大物アーティストやオーケストラが使うような場所だ。それを新人のファーストアルバムを録音するために毎日のように使ったのは、よほどに潤沢な資金があったのだろう。

この当時の機材は半ばデジタル化が進んでいて、例えば歌を何テイクも録って、箇所箇所で自在につなぎ合わせることもできる。私は自分の歌の音程が外れているのが嫌で、それが完璧になるまでつないでもらった。最初から完璧に歌えていない歌に、そんなことをすると、間違いなく生テイクよりも悪くなる。

そもそも歌は音程ではないのだ。音符から外れるところに芸術性があるし、人間の個性がある。つまり、私はそれに自信がなかったのだ。でも今はアートだのなんだのと言っている場合じゃない。私は心の中でそんな言い訳をしながら、売れるための音楽を作ろうとした。

レコーディング作業は、いつも明け方までかかった。ずっと同じ曲を大音量で聴いているので、終わる頃には疲れ果てて頭がクラクラした。ギターケースを持って、早朝の電車に乗る。通勤の人たちと逆の道を歩いて家に帰り、朝飯を食べてから眠り、そしてまた夕方からレコーディングが始まるのだ。

レコーディングと並行して、戦略的に組まれたライブのスケジュールを消化しながら、それを何ヶ月続けただろう。契約を新しくしてから半年が経った頃、すべての曲のレコーディングが終わった。制作上、次に取りかかるのがトラックダウンという作業だ。これは、何十ものチャンネルに収められたギターや歌、ベースやドラムやストリングスといった楽器の音を左右二チャンネルにまとめる作業で、バランスが変わると楽曲の雰囲気が変わってしまう。私を含めて各人の思惑が衝突して、これにも大変な時間がかかった。

最後にマスタリングや、タイアップを始めとする宣伝広告へのアクションがある。アルバム制作は終盤にさしかかっていた。プロジェクトが突然、空中分解したのはこの時だ。

電話で呼ばれたので所属していた事務所に行ってみると、みんな何やら深刻な顔つきだった。聞くと、スポンサー企業が創業以来の赤字に落ち込み、社長の道楽である音楽事業への投資を中止すると決めたのだという。道楽か。確かにそうだっただろう。

向こうには道楽でも、私にとっては道楽じゃない。しかし、それを受けてレコード会社も事務所も、このプロジェクトを中止することにしたという。今思うと、彼らが撤退した理由も分かる。当時の新人のデビュー戦は、音源作りよりも宣伝の方がはるかに金がかかった。彼らとしては、これ以上、手間や金をかける案件ではないと判断したのだろう。資金うんぬんではない。魅力がないと思ったのだ。

そうは言っても、数千万円かけて作った音源がある。これをどうするのか。事態を収束させるため、私たちは数回話し合いをし、結局、音源は私に譲渡されることになった。途中、それにしてもねえ、もう少し音にパワーがあればねえ、と言われた時には猛烈に腹が立った。あなたたちが言ったから、おれはこういう音を作ったんだ！　こんなセリフが喉まで出かかった時、私は自分がしたことが理解できた気がした。そう、誰かが良いと言った音を作ろうとしたのだ。自分が良いと思える音を作っていなかったのだ。


二〇〇〇年代のドイツ・ハンブルクを舞台にした「ソウル・キッチン」というすばらしい映画がある。その中で、シェフが反りの合わないレストランを辞めるシーンがあり、彼は、風の強い波止場で、「売っちゃいけねえよ！　愛とセックスと伝統だけは！」と、捨て台詞を残して去っていく。

その時の立場や状況によって、売ってはいけないものは変わるだろう。しかし、アーティストたるもの、絶対に自分の好き嫌いだけは売ってはいけない。これは自分の成長によってのみ、書き換えが許されているもので、これを簡単に変えてしまうと、そもそもアーティストとして存在している意味がなくなってしまう。

当時の私は、状況を変えたいと思うあまり、それをしてしまった。本来は、自分の好きを貫き、それを表現し尽くすことで、状況を変えるのがアーティストだったのだ。

情けなく、腹が立ち、悲しかった。応援をしてくれていた人たちになんと言えば良いのだろう。裏切ってしまった人たちに何と言えばいいのか。そもそも、このままでは母と父に申し訳が立たない。私は譲渡されたマスターテープを捨てて、レコード会社も事務所も辞めた。

第七章　夢の終わり

あの時の失敗は、バカなことが多かった私の人生の中でも最大級の失敗だった。だから、そのままにしておくことができなかった。私は高杉晋作の墓参りに行くことにした。

この数年前、久しぶりに実家に帰って父に会った時。ギター一本から始まった私の音楽がだいぶ普通になっていることに父は大いに不満で、これがお前の音楽なのか、と言いながら向こうを向いてタバコを消していた。音楽性については平行線のままで、そもそもこちらとしても素人相手に歩み寄る必要もないのだ。ただ、その時に一冊の本を勧められた。司馬遼太郎の「世に棲む日日」。幕末の長州藩、吉田松陰と高杉晋作を主人公にした歴史小説だった。それまで海外小説ばかり読んできた私には、司馬遼太郎の語り口は新鮮で魅力的で、これをきっかけに、一気に司馬作品群を読みきった憶えがある。こんな歳になってもまだ、父に影響を受けていたのだ。

高杉晋作とは幕末の長州藩、現在の山口県に生まれ、途中から藩士だったのかどうかよく分からないが、とにかく思い切った行動をした人だった。政治的な考え方は師匠である吉田松陰から受け継いでいて、思想と本人の性格によって、いくつかの際立った成果を上げた。それがあの時代のうねりを加速させることになったのは間違いない。

当時、幕府の威光に陰りが見えていたとは言え、行列中の将軍徳川家茂に向かって、「いよ！　征夷大将軍！」と役者に対するような掛け声をかけて、逃げたという。品川御殿山に建てている途中だった外国公使館の焼き討ちに参加したり、日本で初めて、封建制を無視した身分を問わない軍隊を作りあげたりした。

その後、自藩が危機的状況に陥った時、山の上の寺で、長州男児の胆っ玉を見せると一人叫び、部下でさえその成功を疑ったクーデターを起こした。この時は、馬で出発して、数日後にはぶんどった軍艦で帰ってきたという。

私には彼の行動がとても魅力的に映った。本当は下手を打ったこともあったのかもしれないが、後年の私たちからは、彼の手際は鮮やかに見える。なんだか、やったことの労力に対して、起きる変化が大きいのだ。根性だけでも、頭の良さだけでも、ああいうことは起こせなかっただろう。おそらく、タイミングを合わせるのが天才的に上手かったのではないか。

人生最大の失敗をしてすっかり自信を失った私は、彼に会いに行きたいと思った。ロックスターになろうとしてから、もう六年が過ぎていた。今回のことで、自分が天才でないことにやっと納得がいった。それは分かったが、まだ諦めたくないとも思った。しかし、このままやり直すには、自信や誇りがあまりにも傷ついていた。もう一度、それらを取り戻さなければならない。

高杉晋作はどちらかというと天才肌の人だが、私にはそれよりも、彼が自分の信念を鮮やかに貫いたところに惹かれた。自分に足りないものはこれではないだろうか。実際に会えるわけでもないし、その墓に参ったところで、あやかれると思っていたわけでもないのだが、当時の私はなにか行動を起こしたかったのだ。

最初は幕末の彼らと同じく、歩いて東海道を下ろうかと計画したが、数週間後にライブの日程が組まれていたので考え直し、自転車で行くことにした。どちらも、人力は人力だろう。

ただ私は自転車を持っていなかったので、どうしようかと思案していたところ、ちょうどよく当時のマネージャーが町内会の福引でマウンテンバイクを当てたという。私はそれを借りて山口を目指し始めた。

山口県まで、自転車で行くと二週間程度かかった。走行距離で一三〇〇キロほどだったろうか。普段自転車に乗っていない者が、いきなり一日に一〇〇キロ以上を走ろうとすると、だいたい膝かどこかを痛める。私も後半、左膝を痛めてしまい、しかたがないので片足だけで自転車をこいで進んだが、残っているほうの膝も痛めそうになってきたので不本意ながら一日休んだこともあった。

東海道、国道一号線を下り始めたのだが、日本一の幹線道路である。なにしろ交通量が多い。真横を通り過ぎていくダンプの風に引き込まれそうになり、これでフラフラすると次のダンプに耳の真横でクラクションを鳴らされるのだ。

これは危ないと思った。途中、名古屋から北上し琵琶湖を回って日本海側に出た。天橋立で股の下から景色を眺めたり、鳥取砂丘が想像していたよりずっと小さいことに驚いたりしながら自転車をこぎ続けたが、やはり太平洋側に比べると寂しいと感じざるをえなかった。

それにしても日本は山ばかりだ。たまに開けた平地があると、そこに人々が集まり都市ができている。いかに山が多いかは、高速道路や新幹線からは分かりにくい。きつかった峠道を登りきり、その先にまた延々と続く峠道が見えた時、やっとそれが実感できるのだ。

あそこまでだと頑張って登った坂道に、まだまだ続きがあった時の落胆といったらない。こんな時、私は、まだあるのかよ！　いい加減にしろ！　と、誰もいない峠道で山に悪態をついた。

ただ、下り坂は気持ち良かった。当たり前だが、何もしなくても進む。口笛を吹いていても、片手を放しても、よそ見をしていても、ぐんぐんスピードに乗って自転車は進んだ。人生がこんなだったら良いのに。手放し運転で人生を生きれたら、どんなにすばらしいだろう。


この二週間の旅の間は、立ち寄る店の店員さんや宿の人以外、誰とも話さず、自分の独り言だけを聞いた。自転車をこいでいれば良くて、昨日より確実に目的地に近づいているので、それだけで一日が充実した。体力的にはキツかったが、気が楽だった。思えば、何かを作らない日々は初めてだ。

私は物心ついた時から、いつも何かを作っていた。作文、工作、絵から始まり、詩、バイクの改造、小説、そしてここ数年は、楽曲を作ってきた。毎日、毎日、それを続けてきた。

そして創造には結果が求められる。趣味だったらその品質を問われることもないのかもしれないが、趣味ではないのだ。いつも大真面目だった。自分が作るものが世界を変えることを望んでいたし、それが元で何かが起こるようなものを作ろうとしていた。

これは難しい。難しいので私はいつも、作っているものについて悩み、考えてきた。このような面倒なことをなぜ続けるのかといえば、それが一番やりたいことだからだ。なにか素晴らしいものを作ろうとすることは、私の人生の喜びであり、これなしでは生きていけない。

ヒーローになりたい、ロックスターになりたいとは言いつつも、何かを作ることがいつも自分の隣にあった。むしろこちらが私の人生の核心なのではないだろうか。そんなことを考えながら、汗を流して坂道を登った。

高杉晋作の墓は、山口県下関の近く、吉田という地にある。着くとは思っていたが、この時もやっぱり着いた。墓の正面に立って手を合わせた瞬間に、待っていたかのように村のサイレンが鳴り響いたので、運命的なものを感じてじーんときてしまった。しかし、ただの偶然だろう。ちょうど正午に、墓の前に着いただけのことだ。

この二週間、自転車をこぎながら、まだ自信があるのかどうか、まだやれそうなのかどうかをずっと自問してきた。やれそうだと思った。できないと言う理由がない。何かを作っていないと生きていけないというならば、それをするしかないだろう。早く帰って曲を書かなければ。借り物のマウンテンバイクは、車輪を外して宅配便で送った。帰りは新幹線だ。

山口から戻ってきた私。今回ばかりは、さすがに、すぐに行動するのを控えようと思った。もう二十五歳を過ぎていて、おそらく今度が、音楽というフィールドでの最後のチャンスだと感じていたのだ。何をしていても時は過ぎてしまう。一番うまくいきそうな方法を考えたいと思った。

失敗は私たちに多くのことを教えてくれる。あのやり方がダメだったとか、このやり方が良かったとか。しかし、失敗という経験の中で最も貴重なのは、自分の本当の願いが分かることではないだろうか。

失敗をすると、恥をかき、傷つき、後悔をすることになる。しかし、その後に、それでもやっぱり自分はこうしたいんだという気持ちに出会うことがある。これこそが、私たちの本当の願いだ。普段は、他のくだらない願いと一緒になっていて、見分けがつかない。私にとっては、人々に認められたいという気持ちは、やっぱり本当の願いだった。

人々に認められるというのは、ものすごく難しいことだ。しかも、私の場合、自分を貫きつつ、それをしたいという。一体、何をどうすればそんな願いが叶うのだろうか。他の人も、自分も、すごくいい！　と思える曲は、どんな曲なのだろうか。


レコード会社や音楽事務所、それらすべての契約を破棄してしまったので、食扶持がない。とりあえず私は、駅前のパチンコ屋でアルバイトをしながら、最後のチャレンジはどんな形が良いのかを考え始めた。

今回は、これまでのやり方、スタイルの微修正では済まない気がしていて、視野を広くするために今まで聴かなかったジャンル、嫌いだったジャンルの音も聴いてみた。今のようにネット配信で気軽に音楽を聴ける時代ではない。タワーレコードに行き、アルバイト二時間分の給料でジャケ買いしては失敗し、ただ、それらを元に何かできないかと、自宅で一人で多重録音して、自分なりの新しいサウンドを作ろうとした。

やがて辿り着いたのは、歌がラップで、バックがハードなバンドサウンド、ラップロックバンドのアイディアだった。

私の音楽は詩から始まった。最後に、詩を思いっきり表現して、貫ききってみよう。自分が納得して、感動するくらいの音楽でなければ、人の心も動かせないだろう。

認められると、貫く、結局最後に私が選んだのは、貫くほうだった。前回の失敗の最大の教訓は、これだった。貫きもしないで人に認められようとするのが、そもそも甘かったのだ。

知り合いのつてを頼りに、ギター、ベース、ドラムのメンバーを集めるのに半年くらいかかっただろうか。私にとっての最初で最後のバンド、そして音楽というフィールドでの私の最後のチャンスでもあった、ビーチファイターズが結成された。

ビーチファイターズが、いつから、いつまでの期間活動していたのか、不思議なことに、よく憶えていない。全部で一年半程度の活動期間だったと思う。あのバンドを通じて、私は生まれて初めて、思いっきり努力するということを知った。

このバンドのライブは、自分が企画した通りハードで、体力的にまったく付いていけず、生活のスタイルを変える必要があった。アルバイトの昼食用に、豚ロースの薄切りの脂部分を切り落とした焼肉弁当を自分で作り、帰宅するとクラッカーだけを食べ、毎日十キロを走りこんだ後に、体力トレーニングをした。

急に生活を変えたので、最初のころはキツかったが、文句を言っている場合ではない。なにしろ、最後のチャンスなのだ。最初の一ヶ月で体重が十キロ減り、はっきりと分かるほど身体が軽くなった。

ギターの練習をして、詩を書き、バンドでスタジオに入る前に新曲の説明をするため簡単な多重録音を自宅で行う。

あの頃の私は、バンドで成功するためだけに生活していた。それはシンプルな努力の日々で、割と単調だったかもしれないが、生きていて気持ちがよかった。

当たり前だが、バンドのメンバーとは、年中一緒にいることになった。練習はもちろん、録音するときも、ステージに立つときも一緒なのだ。彼らとは、ケンカをしたり、伊豆の録音スタジオに合宿に行ったり、カレーを作ったり、機材の積み降ろしをしたり、それを満載にした中古のバンで高速道路を走ったり、ファミレスで相談したりした。

バンドという名詞は、何かをまとめるための帯、ベルトのようなものを指すと同時に、結束という意味がある。こういうと気はずかしいが、彼らとは、仲間同士だった。部活動もサークル活動も経験のない私には分からないが、普通の人たちは、高校時代や大学時代に、この友情や団結感のようなものを経験するのだろうか。

高校にも不良仲間にも馴染めなかったあの頃から始まって、私はずっと一人で物事を決めて生きてきた。その時々で協力者はいたものの、本質的には一匹狼だった。共同作業は新鮮で、一人で決められないもどかしさも感じたが、ひとりぼっちじゃない心強さも感じた。


私たちバンドは、リハーサルとライブを重ねて、曲を練り込んでいった。クリエイティブな努力は、それをしている時間のうち、ほとんどが徒労に感じる。しかし、新しい発見や、次の道が見える瞬間には、この努力の時間なしでは出会うことができない。

バンドのリハーサルというものは、メンバーがスタジオに入って、ただただ演奏しているように思われているかもしれないが、本当は演奏している時間よりも、話している時間の方がはるかに長い。うまくいかない箇所、魅力的と思わない箇所がある度に、解決策を見つけるために相談する。話し、確認のために演奏し、そしてまた話す。

そんな日々を過ごしているうちに、たまに、おお、これだ！　というアイディアが出てくる。カッコいいギターフレーズが突然出てきた時、新しい歌い方を発見した時。急に目の前が開けた気がして、その嬉しさといったらなかった。

初めのうちはコンセプトしかなかったバンドだったが、一年も過ぎる頃には、私たちなりのサウンド、ステージング、メッセージが確立され始めて、私は、これはイケる、と思った。


ある日、ドラマーが話があるというので、吉祥寺の駅前の居酒屋で二人で会った。ガヤガヤとうるさい店内で話を聞いてみると、内容はバンドを辞めたいというもので、理由は、もう私についていけないというものだった。

私は、自分が努力している分、他のメンバーにもそれを要求していたのだろう。完成度が上がってきていると感じたし、あと少しだと感じていた。チャンスが近づいてきているが、時間は減り続けていると思っていた。

しかし、これがバンドの難しいところだ。どこからか報酬が出ているわけでもないし、ライブで二十人、三十人のお客さんを前に演奏しても収入になるどころか持ち出しがあるくらいだ。移動するための車も、スタジオ代も、ガソリン代も、ステージ用の靴や服だって、みんなそれぞれアルバイトなどをして稼いできた金を出し合って活動が続けられる。

誰か一人が嫌だと言ったら、もう終わりなのだ。やりたいと思う気持ち以外に、続ける理由がないし、物理的に、続けることができない。結局、彼が辞めたことがそのまま、バンドの解散につながった。

バンドのサウンドとは、四人の個性、リズムの取り方や性格が混じり合って生み出される。そのうちの一人が変わると、バンドの音も変わる。後に、念のためと思い、別のドラマーに参加してもらい一回だけライブを行ったが、案の定、ビーチファイターズのサウンドは失われていた。私が、これはイケるかもしれないと思った、あの音は二度と再現されず、他のメンバーとも話し合い、バンドを終わりにすることに決めた。

あんなに頑張ったのに、また一匹狼に戻ってしまった。戻っただけならいいのだが、これが最後の挑戦だと思っていたバンドが終わった。音楽の夢も一緒に終わったのだろうか。

この答えははっきりとは分からなかったが、喪失感があり、その後しばらくは、生活していて寂しさが消えなかった。

この頃、ビーチファイターズが解散する少し前。ライブを見に来てくれていた一人の女の子と仲良くなり始めた。どちらかというと小柄なほうで、個性的な、面白いことを言う人だった。

ビーチファイターズが最後のライブをやった夜は、打ち上げまで参加していて、広い座敷の席で一緒になって、酒を飲みながら話した。やがて私がトイレに行き戻ってくると、彼女は終電があるからと席を立った後だ。出口付近にまだ姿が見えたので、もう会えないかもしれないな、と私は声をかけた。すると彼女は会計を済ませてから、靴を脱いで座敷まで戻り、私の隣に座って、そうだね、達者でね、という意味のことを言ってから帰って行った。

人に一言をいうために、そんなに長い距離ではないとしても戻ってきて、わざわざ靴を脱ぎ、しかも座って視線の高さを合わせてから話した彼女の行動が、私にはとても印象深くて、忘れられなかった。後になって、知り合いからその人の連絡先を聞き、食事に行かないかと誘った。食事をしながら、私が何かの自慢をすると、その人は必ず別のことを自慢して、ああ、これはよほどの負けず嫌いなんだと思ったのを憶えている。

その後も数回会い、彼女の家に遊びに行ってみると、ものすごく狭いワンルームマンションで、ベッドになるソファーととても小さなテーブル、冷蔵庫はあったが、中身は少なく、最少の持ち物で質素に暮らしているように見えた。

彼女は私と同じ年だから、あの時、二十七歳だった。もともと医療関係の仕事をしていたが、一度田舎に帰り、やはり何か形あるものを残す仕事がしたいと思って再度上京した。何かを残すと言っても、何も作ったことがなかったので、今はインテリアデザインの学校に通っているという。

部屋にオランダのデザイン雑誌が置いてあり、輸入書なので高いのだが、勉強のために買ったのだという。何気なく開いてみると、とても面白い。そもそもモノの形や色、素材には興味がある方だ。車やバイク、飛行機やギター、速そうな動物やスペインで見た教会の彫刻。何かの姿形には、子供のころから何度もワクワクさせられてきた。ここのところ自分は音楽の世界ばかり見てきたが、デザインという世界でも多くの人たちが、昨日と違うことをしようとして知恵を絞り、悩み、発信していることが分かった。これもまたクリエイティブだ。

彼女はよく徹夜をして、学校の課題である模型を作っていた。自分でデザインしたカフェや公園を模型で再現するのだ。しかし、その模型は部屋にあったとても小さなテーブルには乗らないので、床に置いて、彼女はその近くにしゃがみ込んで作業をしていた。模型に何かを貼ったり、小さな木をかたどった紙を置いたりしていた姿が思い出される。

しかし彼女は、自分でデザインした物を世に残すことは無かった。少なくとも、今日まででは。なぜなら、私の妻になったからだ。その後の私の活動を支え、数年前までは私の会社の経理会計を受け持っていた。それに加えて子供たちの面倒を見ていたら、とても創作の時間は無い。

出会った頃、妻が持っていた願い、それは形あるものを残したいというものだったが、その願いをもしかしたら自分は引き継いでいるのかもしれないと、今でも半分本気で思うことがある。

彼女の家に初めて遊びに行ってから半年後、私たちは結婚をした。当時の私といえば、アルバイトでギリギリ生計を立て、音楽を諦めていなかったものの、バンドが解散してから半年以上が過ぎ、次の方針も立っていないころだ。普通、結婚する相手としては、どうかと思うのではないだろうか。そんな人と迷わず結婚するのだから、キモが据わっているといえば据わっているのだろう。

その後も私としては、自分の会社が危機的状況になるなどして、眠れない夜がいくらでもあった。そんな時も彼女は、普通の顔をしていてなんともないように見えた。今だにそうだ。


妻とふたりで小金井公園を散歩していた時のこと。夢が終わったんだと、はっきりと感じた。季節は憶えていないが、枯葉を踏んだ憶えがあるので、秋か冬だったのだろう。夕方、曇り空の下だった。

スペインから戻ってきてから約十年間、ロックスターになろうとして時間と労力を使ってきた。なれると信じて疑わなかったあの頃が懐かしい。自分が天才だと思っていたあの頃が懐かしい。

もう少し、頑張ってみるという手はあるのだろうか。ないだろう。情熱が残っていないのは、誰よりも自分が分かっていた。

夢が終わるのは、可能性が失くなった時ではない。そもそも可能性は、失くならない。夢は、そのオーナーの情熱が失くなった時に終わるのだ。

人生には、どんなに望んでもできないことがある。本当はもっと早く気づくべきだったかもしれない。私の場合、愚かにも二十代が終わる頃になって初めて気がついた。

スプリングスティーンの代表曲「Born to Run」のライブビデオがある。ビデオの後半、彼とバンドが数々の会場で歌ってきた様子が走馬灯のように映し出される。大きなコンサートホールで、それよりももっと大きなスタジアムで。そして野外コンサートでは、地平線を埋め尽くすかのような観客の前で、彼らは演奏していた。

ハードな日々の中で、若い男女が光を求めて今夜にでも旅立とうとする内容だ。歌い手は曲の中の「おれ」になり、観客の一人一人が「おまえ」になる。バンドのメンバーも、ステージからは見えないくらい遠くにいる観客も、そこにいる人たちみんなが一緒に歌っていた。全員が歌の主人公だった。

私は本気で、あんなふうになりたいと思った。そして、なれなかった。

第八章　創業

　十年近くをかけた音楽活動が、何も残さずに終わってしまった。この時、私は二十八歳。結婚はしたが、アルバイトをしてなんとか食べている状況だ。

　三十歳まであと二年。世間的に見たら、割と厳しい状況となるのだろうか。夢に生きるのを諦めて、まともな暮らしを考える頃合いだとなるのだろうか。あの頃の私は確かに喪失感の中、寂しくて、落ち込んでいた。

　しかし、本当に何も残らなかったのだろうか？　本気で努力する楽しみも覚えたし、どんな時も、自分を貫かなければいけないことも学んだ。大きな失敗をしたし、何よりも夢が叶わないことがあるのを知った。成功も失敗も、人を成長させる。しかし、人を強くしてくれるのは、このうち失敗だけだろう。

音楽をやりながら、気になっていたことがあった。それは日本の音楽シーンの限界についてだ。世界的なロックスターたちは、尾翼にバンドのロゴマークを描いたジャンボジェット機を借り切って、各国をツアーして回る。日本で、音楽で登りつめて、あんなふうになれるのだろうか。そんなことは成功してから心配しろと言われそうだが、気になるものは仕方がない。

一方で、世界で活躍している日本の企業はたくさんあった。何か創造的な発信をして世の中に影響を与えようというのが音楽家や詩人、作家の活動なのだが、考えてみれば、そういうことは事業の世界でもいろいろな会社がやっているのではないだろうか。

世界を相手にして活躍する企業はたくさんあるが、その中の幾つかの企業のやり方が、私には、まるでバンドのやり方そのものだと感じられた。特に気になったのが、アップル、ヴァージン、パタゴニアの三社だ。

一般的な会社は、おそらく消費者や市場、競争相手のことを考えて事業を立案するのだろうが、彼らには先にやりたいことがあって、それを実現するために事業をしているように見えた。

これは私たちミュージシャンと同じで、市場を分析してから自分たちのサウンドを考えはじめるロックバンドはどこにもいない。誰にも頼まれていないのに歌っているのは、歌いたいからだ。歌いたい、創りたい、といった衝動が先にあり、それを実現しようとするのが芸術活動だと思う。この時点では、市場も顧客も関係ない。私は、もしかしたら事業の世界でも、音楽や文章の世界と同じことができるのかもしれないと、三つの会社を見て思っていた。

その内の二社、アップルとパタゴニアは、私たちが実際に手にとって使える道具を作っていた。彼らの作り出すモノは芸術性が高くて、道具と呼ぶより、時に作品と呼びたくなるような気品も備えていた。

実際、音楽制作の中で、Ｍａｃを使っていたが、それがあるおかげで本来は一人ではできない多重奏が可能になり、録音もできて、人に聴かせることができるのだ。ある時とない時を比べると、コンピューターは、ミュージシャンにとっては人生を変える可能性を持った道具だ。人の人生を変える可能性を持っているという意味では、音楽や小説と同じだろう。音楽時代、私は毎日それを使いながら、そのすばらしさに感動していた。

音楽の夢が終わってから、次の夢の宛先を見つけて走り出すまで、どれくらいの期間があったのか、考えや行動が入り混じっていたので、よく憶えていない。徐々に、だった。今度は、モノや形の世界で、自分の創造性を発揮したいと思うようになっていった。曲を書き、絵も描き、機械も設計した、ダ・ヴィンチという人もいたのだ。

あの時、なぜモノの世界に行こうと思ったのか、そうは言っても不思議な気もする。詩から始まった音楽の道が終わった時、作家になるとか、詩人を目指すとか、文章の世界に戻るという手が、流れとしては素直だったのではないか。

思い返してみると、やはり妻が持っていたデザインの雑誌の影響があったのだと思う。そこに掲載されていた建築やインテリア、プロダクトは美しく、ユニークで、時代を切り拓こうとしているエネルギーを感じさせた。自分もやってみたいと思った。

さて、と思ったが、まず何をすべきだろうか。ギターの弾き方は知っていても、ものづくりのことは何も知らない。まずは、知識だろう。当時、インターネットもあり、検索エンジンもあったので、これで調べれば良いと思ったのだが、そもそも何と検索すればいいのか分からない。言葉が分からないのだ。

そこで私は、夕方五時にアルバイトが終わった足で、東急ハンズや秋葉原の街に通い始めた。インターネットで調べられないなら、人の話を聞くしかないだろう。例えば東急ハンズには、売り場に、ものに詳しいアドバイザーのような人たちがいて、私はスプーンを手に取って、彼らに尋ねた。そのやりとりはこんなものだった。

私　　このスプーンは素材は何でできているんですか？
アドバイザー　ステンレス製だね。裏に書いてあるよ。
私　　ステンレスって、最初はどんな形をしているんですか？
アドバイザー　うーん、シートかな。
私　　シートって、板のことですか？
アドバイザー　うん、板だね。
私　　板がどうしてこんな形になるんですか？
アドバイザー　うーん、よく分からないけど、プレスかなあ。
私　　へえ。プレス……ところでステンレスって鉄と何が違うんですか？
アドバイザー　……。

よく分からないという注釈付きだったが、これで少なくとも「プレス」という言葉を仕入れられた。言葉さえ分かれば、インターネットで検索できるのだ。私はこれと同じようなことを、秋葉原の電材屋や工具屋、たまたま自宅の近くにあった小さな加工機械商社、木材市場、ゴム商社、ベアリング専門商社などで繰り返した。金属や木材、ガラスや樹脂素材、紙や液体、私たちの身の回りにある道具がどのような素材で出来上がっているのか、大体のことが分かってきた。

アルバイトが終わってから、毎日、暗くなりつつある街に出かけ、駅の階段の上り下りをしながら、楽しかった。

自分の未来を切り拓くために人の話を聞き、情報を集めなければならないなんて、愉快ではないか。まるでロールプレイングゲームのようだと思った。マラガの街でバスターミナルを探してさまよっていたことを思い出したが、幸いにも、ここでは言葉が通じるのだ。私の素人丸出しの、しつこい質問攻めにあい、対応してくれた人たちはみんな迷惑そうだったが、こちらとしても、人の迷惑を考えている場合ではない。やりたいことが決まったのに、言葉さえ知らないという危機的な状況なのだ。

言葉を仕入れ、インターネットで検索すると、その内容が大体分かる。しかしやはり情報だけでは、地に足がついた知識にはならない。私は、材料がモノの形になる加工の現場を見に行きたいと思い始め、この時にとても役に立ったのがタウンページだった。現在では、インターネットの普及で配布率が下がったというが、昔の人たちには大いに役立った本だっただろう。

子供の頃、テレビの中では筋骨隆々の男の人が電話帳を手で破って見せていた。不良少年たちはみな、それにチャレンジしたが私の知る限りでは成し遂げた者はいない。しかし、電話帳は破くものではない。いざとなったら、とても役に立つので、とっておいたほうがいい。

タウンページを開くと、自宅から自転車で行ける距離のあらゆる加工工場が検索できた。当時、私が住んでいたのは東京の武蔵野市だったので、その周辺にあるのは小さな工場ばかりだったが、それでも、プレス工場もあればアルミ切削工場もあった。塗装工場もあったし、プラスチック成型工場もあった。これは見に行かなければいけない。

アルバイトが終わる午後五時。私はパチンコ屋の三階にある休憩室で、工場に電話をかけ、毎日、一、二軒を訪ねてまわった。

当時の私は金髪で、あごヒゲも生やしていた。ジャージを着たミュージシャン上がりが自転車に乗ってやってきて、工場の中を見せてくださいと言うのだ。見せてくれるわけがない。ずっと音楽業界にいたので、ロクに敬語を使うこともできない。いや、今、忙しいからさ、と、大体、相手にされなかった。

このままではいつになっても進めないと考えた私は、まずは作りたいものを決めて、その部品を製作しようと思った。最初に企画したのは自分の机だ。

なぜ机だったかというと、とても大事なモノだと思っていたからだ。スペインのユースホステルの部屋に机があると、相部屋仲間に取られる前に、私は真っ先にそこに陣取って詩を書き始めた。ベッドの上より集中して書けるからだ。音楽時代も、作曲や録音には机が必要だった。椅子と机、どちらが先に必要かと言われれば、椅子なのだろうが、クリエイティブな作業には机は欠かせなかった。今の机はグラグラするので、困っていたところだ。

デザインについて学んだことはないが、きれいな形かどうかは分かる。分かっているきれいな形を、自分の頭の中や、手によって描き出せるかどうかがデザイン作業なのだろうが、そこはやってみるしかない。自分がどんな机が欲しいのか、あの時は嫌というほどの絵を描いた。あれほど描いたのは、子供の頃、無心に絵を描いていた頃以来だろう。

ギターのボディーのような堅木で作ったしっかりした天板と脚、その間にアルミ溶接で構成されたフレーム、左右から細い柱のようなものを立てて電球をぶら下げたのは、ヨーロッパを旅していた頃に見た、移動遊園地の照明装置から着想を得たものだった。崖の下の広場に、メリーゴーラウンドやとても小さなローラーコースターが設置されて、木や地形をうまく使って電線が張られ、そこに無数の電球がぶら下がって、一夜限りの遊園地は煌々と輝いていた。

構想や絵だけではは自分の机はできないので、どんな部品が必要か考え、それを図面にしようとして、方眼紙を買ってきた。定規で線を引き、間違っては消し、計算して、寸法を入れたら、恐ろしくめんどくさい。一枚の図面を描くのに、信じられないくらいの時間がかかった。すぐに嫌になってしまい、手描きの図面を描いたのは、確か二枚くらいだったと思う。

目の前にせっかくＭａｃがあるのだ。製図ソフトというものがあったはずで、それをきちんと調べるとＣＡＤと呼ばれるものだということが分かり、フリーのソフトがあったので、私はそれを早速ダウンロードした。紀伊國屋書店に行き、教則本のようなものを買ってきて、ざっと目を通してから、図面を描き始めた。自分の図面を描くために必要な機能以外は、一切、覚えない。なぜなら、必要ないからだ。

こうして数枚の図面ができたので、私はこれを持って、再び工場まわりを始めた。中を見せてくださいと言っても相手にされないことは分かっていたので、これを作って欲しいのですがと、図面を見てもらう戦法に変えた。

以前よりは話してもらえる機会が増えたが、それでも中の中まで見せてくれた工場はない。また、ウチではこんな加工なんかしていない、と言われることもあったので、だいぶ的外れなところにも行っていたのだろう。

あの奇跡の工場に出会ったのは、何十軒目だっただろうか。電話をして、今夜、伺ってもいいですか？　と聞くと、うん、いいよー、という返事で、いつもよりだいぶ気安い。これは、脈があるかもしれないと思った。

あの工場に初めて行ったのは確か十一月で、午後六時ごろになると日も暮れ切っていて、自転車のハンドルを握る指先がかじかんだ。ＪＲ中央線の東小金井駅のほど近く、住宅街の中に建つその工場は、一見すると工場に見えない。外観はプレハブの二階建てで、相当な年季が入っており、材木に油性マジックで「春日井製作所」と手書きで書かれた看板がぶら下がっていた。中に入ると、薄暗く、機械油の匂いと、灯油ストーブの懐かしい匂いがした。

社長と弟さんの春日井さん兄弟と、もう一人の職人さん。三人で仕事をしている、いわゆる町工場で、アルミ切削加工を主としていた。私が初めて訪ねた頃、おそらくその平均年齢は六十歳くらいだったと思う。

切削加工とは、アルミニウムや鉄、ステンレスなどの金属のブロックを高速で回転するドリルのようなものを使って削り、部品の形にする加工方法だ。それをする工作機械として、ボール盤、旋盤、フライス盤などがあり、これらをコンピューター制御で自動化したNCマシーンと呼ばれるものもある。

彼らはこれまで会ってきた気難しい職人さんたちとは違っていた。いろいろなことに興味を持っているようで、後で知ったことだが、とてもクリエイティブだった。作るのが不可能そうな部品の図面を見ると、それを成し遂げるために、柔軟に、あらゆるアイディアを出すのだ。あれこそ、真の職人魂なのではないだろうか。

春日井さんたちは、何も知らない私を親切に受け入れてくれ、素人の話を聞き、質問に答えてくれた。図面を見て、ここはどうなっているのかと逆に質問してくれ、それによって私は、自分の部品に考えが足りない部分があることを知ることができた。しばらくやりとりをした後に、彼らが言ったセリフがこうだ。

この部品、作ってあげられるよ。だけど、おにいちゃん、お金ないでしょう？　一個だけ作ると、高くなっちゃうんだよねぇ。ウチの機械使っていいから、自分で作れば？

聞き間違いではない。なんということだろう！　こんな、親切な、天使のような人たちが、この世にいたのか。私は、はい！　と返事をした。

その夜は、十時過ぎまで工場にいたと記憶している。彼らは私の質問攻めに答えてくれ、ミュージシャンをやめてものづくりをしようとしているという身の上話まで聞いてもらってしまった。

アルバイトが終わると毎日、春日井製作所に通う日々が始まった。働いているわけでもないのに、夕方過ぎになると、毎日、私はそこにいた。彼らには、本当に多くのことを教えてもらった。図面への寸法の入れ方、金やすりの使い方、ノギスやマイクロメーターの使い方、ボール盤、旋盤、フライス盤の操作方法などなど。

初めての機械にさわる時、春日井さんたちは、たくさんあるレバーがそれぞれどのような働きをしているのか、その仕組みまで含めて教えてくれ、手取り足取り、操作方法を私に伝えた。実際に自分で操作し、手を機械油で真っ黒にして、時には失敗して部品が吹き飛び、危ない思いをしながら、機械工作の基礎を学べた私は、本当に幸せ者だったと思う。彼らは私を遠くから見守り、困っていると、どうしたの？と声をかけてくれた。

あの頃の経験の中でも、とても重要だったのは、物の形が変わるのに必要なエネルギー量を身体で感じたことではないかと思う。工作機械で金属を削っていくと、ものすごい音がする。手動の機械を操作すると、高速で回る超硬合金でできた刃物が部品を削っていく際の抵抗も感じる。一般的には硬いものと認識されている金属だが、工作の観点から見ると、柔らかい種類もあったし、粘っこい種類もあった。

他にも、ものづくりの数字についても教えてもらった。例えば、直径一センチぴったりの穴に、直径一センチぴったりの円柱は入らない。何かが何かに入るには、わずかでも大きさに差がなければならないからだ。

ものづくりの世界では、「しっくり」入る、という表現がある。この時の大きさの差の狙いは、〇・〇二五ミリである。これを表現するために、図面に「公差」と呼ばれる寸法を表記する必要がある。

そもそも、真の意味で一センチぴったりの丸い穴を開けることはできない。真円に見えるものも、その縁を拡大して見て行けば、ミクロやナノの世界では必ずギザギザした線になっているのだ。だからものづくりでは、すべての寸法は、狙いから外れるという前提に立つ。

音楽や詩の世界からやってきた私には、こんな数字の話も、とても面白かった。毎日が発見や驚きの連続だった。

春日井製作所とは、今だに付き合いをさせてもらっている。薄暗く、奥に長い、小さな工場に置いてあった機械や道具や部品は、当時の私にとっては宝物だった。それらは、実際には機械油にまみれていて、細い蛍光灯の明かりの下で鈍い光を放っていたのだが、私には意味深く、体感的にはキラキラ輝いているように見えていた。

その後私は、会社を創業することになるが、この会社は春日井製作所で生まれたと言っても過言ではない。

しかしあの当時、近所をまわって出会ったいくつもの工場、その多くはその後の十年でなくなってしまった。昔たくさんあったものが、時代の移り変わりと共に少なくなっていくのは、よくあることだが、目の前で見るとやはり寂しい。

かつて、日本中に小さな工場がたくさんあったのだ。そこで働く彼らは、油にまみれた服を着て、一日中、立ったまま仕事をしていた。毎日、毎日、何十年も。土曜日が半ドンと呼ばれて、出勤日だったのはわずか数十年前のことだ。そんな彼らの労働が、かつての日本の高度経済成長を作り出したのだろう。今の私たちは、彼らの努力が作った基盤の上に立っている。

結局、最初に作ろうとしていた机は、完成まで半年かかった。天板や脚は、カナダでログビルダーをしていた弟に、一枚板のメイプルを仕入れてもらい、それを成形して空輸した。アルミのフレームは、角パイプ材を仕入れて、春日井製作所で小口を加工し、別の工場に持ち込んで溶接してもらい、自分で磨いた。カーボンの支柱を東急ハンズで買ってきて、電線やハロゲンランプ、必要な電材を準備し、これらを取り付けるための部品を春日井さんで削って作った。この部品の製作は、なにしろ機械の使い方を覚えながらだったので、難航し、時間もかかった。

あわよくば売り物になるかもしれないと思っていたのだが、さすがにその完成度はなかった。しかし、自分にとってはカッコいい。この机は、今も自宅で使っており、この原稿もその上で書いている。

他にも、チタンを削ってキーホルダーを作り、仮のブランドをつけてヤフーオークションで売ったりもした。ブランドと言えば、今、自分がやろうとしていることの中でも、重要な要素だと思った。ものづくりだけをしたいわけではなく、デザインだけをしたいわけでもない。ハードウェアや技術を使って、自分の創造性を発信したいのだ。そのうち、製品というものを発売するのかもしれないが、それはミュージシャンにとっての楽曲だろう。そして、ブランドや会社というのが、きっとバンドなのだ。

まだないが、会社を作るとしたら、何という名前にしようか。どんなブランドにしようか。ブランド論とか、マーケティング論と表紙に書いてある本を数冊買ってきたが、読んでもなんとなく話がふわっとしていて、腑に落ちなかった。結局、自分の好きにやってみるしかないのだろう。

あの頃の私は、夜になると春日井製作所、昼間はパチンコ屋の仕事をしながら、ブランドのことを考え続けていた。客やバイト仲間に呼ばれても、上の空で気づかないので、迷惑をかけただろう。

結局、ブランドの名前は「BALMUDA（バルミューダ）」という造語にすることにした。音楽時代、歌っていて、マイクを吹いてしまう音があった。それは、バ行とパ行の音で、閉じた唇を開くと同時に息を吐き出すので、空気の流れが速く、マイクに風の音が入ってしまうのだ。逆に考えると、勢いがあり強い音であるということだ。ブランド名の最初の文字は、Bから始まることにして、その母音は、最も明るいAにすることにした。

バルミューダ。読むと、三音節からなるが、これは十七歳で旅した南ヨーロッパ地方の影響が大きいと思う。乾いた空気の中で、光と影がダンスしていた雰囲気、歴史とおいしさが交差していた雰囲気が、やはり私は大好きで、何か、ラテン的な香りをつけたいと思ったのだ。パルミジャーノ、カタルーニャ、フロンテーラ。味わい深くて、古さを感じる名前にしたかった。

この頃になると、なんとなく接近して、なんとか入ってきたものづくりの道に、私は夢中になっていた。会社を作って、自分でデザインした製品を発売して、いつか、憧れた三つの会社のように世界中で活躍したい。

あれから、何年たったのだろう。十五年くらいだろうか。今、振り返ると、結局はロックスターになりたい、文豪になりたい、これらと全く同じ心理だったのだと思う。その道具を変えただけだったのだ。音楽時代の私と、あの頃の私は、持っているものも、心意気も変わっていなかった。ただ、ギターやマイクといった道具を、ドライバーや工作機械に持ち替えただけだった。

春日井製作所に通い始めて一年くらい経ったころ。ノートブックパソコン用の冷却台ができあがった。使っていたノートパソコンが熱くなるのと、キーボード面が水平なので打ちにくく、これらを解決するために冷却性能をもたせ、かつ、傾斜をつけて置けるようにした台だった。すべての部品がアルミニウムかステンレスの削り出しで作られており、メカニカルなものが好きな一部の男性には受ける魅力を持っていた。

デザインはスケッチから起こし、ＣＡＤで３Ｄデータにして検討を重ね、やがて選んだ最終デザインを図面にして、春日井製作所に部品を作ってもらった。形状が曲線を多用していて、手動の工作機械では作れないので、工場にあるコンピューター制御のＮＣマシーンで製作してもらったのだ。

必要とされる一通りの部品が集まり、この試作品を組み立ててみたところ、いい。これは売り物になるのではないかと感じた。メッキ屋さんに持って行き、表面処理を施してもらい、パソコン上で見よう見まねで作った「バルミューダ」のロゴもシルク印刷で入れてもらった。

たった一台の試作品をつくるために、シルク印刷屋さん、メッキ屋さん、春日井製作所、それぞれに数千円から数万円の支払いが発生し、あの時の私の経済力からすると楽ではなかったが、もしかしたら自分の初めての製品が出来上がるのかもしれないと、ワクワクしていた。

表面処理までキマったピカピカの試作品ができたので、興奮して家に戻って妻に見せると、その反応は芳しくない。ふーんと興味なさげな反応をしたまま、特に褒められなかった。

それでもやっぱり、自分ではいいと思うのだ。夜中、暗くした部屋でデスクライトだけをつけて、試作品を眺め続けた結果、やっぱりこれはいい、これは売れるはずだ、という結論に私は達した。自分の好きを貫くと決めているのだ。妻には受けなかったが、自分が好きだと思うならやってみるしかない。

初めて自分で会社を作るというのは、恐ろしい体験だ。なにしろ、その先どうなるのか、まったく分からない。うまくいくような気もするし、破産しそうな気もする。インターネットで会社設立の方法を調べると、やたらと面倒そうだった。

それでも、せっかくできた売れそうな製品を、個人商店のような形で発売したくなかった。最初から、ブランドを作ろうとして始めたことだったし、ブランド名もロゴも、構想もあった。準備が万全かどうかは分からないが、そもそも、何かの準備が万全になる時など、一生待ってもやってこないはずだ。

どうせいつかは踏み出すのだと思い、妻に相談すると、そう思うならやってみればと、これまたクールな返事だった。しかし、反対はされなかった。

私はアルバイトを辞め、創業のための準備に入った。会社を一個設立しようとすると、それなりに揃えるものが必要になる。まず、定款を起草しなければならない。定款とは、その会社の業務内容が記載されたものであり、ここに書かれた業務以外を会社は行うことができないので、注意して書いた。書き終わったが、当時の私は、定款（ていかん）の読み方を知らなかった。

これを公証役場という、それまで聞いたことのなかった機関に持って行き認証を受け、資本金があることを証明する書類を銀行から発行してもらう必要がある。

　これら必要書類を持って、法務局に行き申請すれば、晴れて法人が登記される。今なら資本金一円から株式会社を作ることができるが、当時、有限会社を設立するには三百万円の資本金が必要だった。株式会社だと一千万円。いったい何の話なのか、という金額だ。


　資本金があるという証明書は、有限会社の場合、三百万円を用意して、銀行に預け、二週間くらい待つともらえるらしい。これを法務局に持っていくのだ。そして、その後の資本金をどうしようが、それは会社のオーナーの自由である。ということは、会社を設立するためには一時的にでも三百万円があればいいということになる。

　そして、あの時、アルバイト暮らしの私に、そんな貯金があるわけがなかった。妻と相談した結果、彼女のお母さんにその三百万円を借りようということになった。

　私たちはレンタカーに乗って、静岡県湖西市にある、妻の実家に向かう。湖西市は、浜名湖のほとりにある町で、トヨタ、ヤマハ、スズキ、といった企業の創業地に近いこともあり、車部品関係の工場がいまでも多い。義母も、そういった工場の一つで働いていた。

　妻の実家の家族構成は、母親と子供が三人。子供たちが十代だった頃に大黒柱である家長を病気で失い、義母が子供三人を女手ひとつで育ててきた。三人そろって大学を卒業させたのだから、唸るしかない。妻は兄と弟に挟まれていたので、義母にとっては、ただ一人の娘だった。

やがてその娘は結婚をするのだが、その相手はミュージシャンだった。しかも、話を聞いていくと、ミュージシャンなのだが、それをやめるのだという。やめて、何をするのかというと、やったこともないものづくりを始めるのだという。そして結婚してしばらくすると、折り入って話があると言い、二人で訪ねてくるのだ。娘のことが、心配で仕方なかっただろう。

私たちは事情を話した。音楽より可能性があり、もうなにしろ、こっちをやると決めたこと、そして当面の事業プランを話した。そして、始めるために三百万円が必要だと説明した。

本当に元手がないので、そのうちの半分を実際の資本にして、残りの半分は二週間以内に返すので、貸して欲しいとお願いをした。すると、意外にもすんなりオーケーしてくれ、翌日銀行から下ろしてきてくれると言う。もめた記憶もない。娘の決めたことだからと、半ば諦めにも近い気持ちだったのかもしれない。

翌日の午後、私たちは、自動車用電装部品を作る大きな工場の正門で待ち合わせた。きっと義母は、午前中か昼時に外に出かけ、銀行へ行って現金を下ろしてきてくれたのだろう。時間通りに私たちが工場に着くと、義母はすでに正門の外で待っていた。

三百万円が入った分厚い封筒を受けとり、私たちは車に乗り込んで、窓を開けてあらためて礼を言った。それじゃあ、気をつけてね、と義母は言ったのだが、あの言葉は、東京までの帰り道に対して言ったのだろうか、それとも私と妻の行く手に対して言ったのだろうか。

発車すると、バックミラーに見えている義母がだんだんと小さくなっていった。軽く手を振ってから、肩を落としているように見えた。その場に立ち尽くし、私たちが乗る車を見送っていた。不安そうだった。

あの時。嘘でもいいから言えばよかったのだろうか。心配そうな義母に、大丈夫ですよ、うまくやりますから、と言えばよかったのだろうか。

言えなかった。自信があるといえばあったが、同時に、義母と同じくらい、もしかしたらそれ以上に、自分も不安だったからだ。

あの日借りた三百万円。半分はすぐに返し、残りは返すのに長い時間がかかった。しかし、それは私の会社の資本金になり、今のところ、無駄にはなっていない。義母にとっては、その後十数年の娘の生活の原資にもなったので、良かったといえば、良かったのだろう。今となれば。

それにしても。自分に娘がいなくて良かったと、つくづく思う。

三部

第九章　手作りの会社

まずい。本当に自分の会社ができてしまった。二〇〇三年の三月、有限会社バルミューダデザインが設立された。ブランド名の後に、「デザイン」の文字を加えたのは、そのままでは、何の会社かまったく分からないだろうと思ったからだ。

社員は自分一人。当時、私たちは東京武蔵野市にある借家に住んでいたのだが、ここが社屋だ。代表印や銀行口座を作り、税務署などへの申請を終えると、これまでに感じたことのない、うすら寒さを感じた。春日井製作所に報告に行くと、おめでとうと喜んではくれたが、彼らもやはり不安そうだった。アルバイトも辞めている。この会社で食べていくのだ。

第一弾製品であるノートパソコンの冷却台は、考えた結果、Ｍａｃ専用にして、

「X-Base」という名前にした。売れるかどうかわからないので、最初に製作したのは十台だ。ほとんどの部品は春日井製作所で作るのだが、彼らは支払いを二ヶ月後で良いと言ってくれ、実はこれが本当に助かった。通常の一ヶ月後払いだったら、おそらく半年くらいで資金が回らなくなっていただろう。

売り出すためには、やらなければならないことが山ほどある。梱包資材屋に行き、ぴったりのサイズのエアキャップの袋を作り、段ボール屋さんで一緒に相談して専用の箱を作った。この箱に印刷するための版をデザインし、取扱説明書をイラストレーターで起こして印刷所に持ち込み、紙を選んで発注した。自宅で印刷しても良かったのだが、どうしても素人っぽさが出る。最小印刷部数が数百部と言われ、資金的に相当厳しかったが、バルミューダの最初の製品なのだ。妥協したくなかった。

アルミニウムのブロックから削り出した部品は美しく、それでも製作中に細かい傷がつくことがあるので、紙やすりを使って自分で磨いた。傷がついているところをやすりで削っていくと、今度はやすりの跡が傷になる。これを消すために、だんだんと細かい目のやすりに変えて行き、最後は炭を水に濡らして磨いた。これはメッキ屋さんから聞いてきた研磨方法だったのだが、傷一つを消すために、大変な時間がかかった。

あの頃、いろいろなことをしていたのだが、春日井製作所のテーブルに新聞紙を敷き、その上で自分の部品にやすりをかけていた時間が一番長かったと思う。製品をピカピカにしたかった。

部屋を暗くして、製品の後ろに黒い布を張り、懐中電灯で照明を工夫して、持っていたデジタルカメラでなるべくカッコいい写真を撮った。このままでは素人写真なので、画像編集ソフトで修正して製品写真を仕上げた。

当時販売されていたアドビの「GoLive」というソフトを使って、見よう見まねでウェブサイトを作った。この時もガイドブックを一冊買ってきて、必要なところだけを読んで、覚えた。メールフォームと呼ばれるシステムを設定し、お客さんが色や種類を選んで、オンラインで注文できるようにした。

サーバーをレンタル契約し、「balmuda.com」というドメイン名を取得し、これをＩＰアドレスに関連付けるとか、アパッチで設定するだとか、データベースの設定だとか、もう何が何やら分からず嫌になってきたが、投げ出すわけにはいかない。他のことと同時進行だったが、ウェブサイト作りは数ヶ月かかったと記憶している。頑張っていると、やがてできた。

サポート用のメールアドレスを作り、会社用の電話回線を引き、製品箱の中に使う緩衝材を仕入れ、インターネットでニュースリリースの書き方を検索して、これを準備した。

春日井製作所で出来上がった部品を、表面処理をするためにアルマイト工場に持って行き、翌日に取りに行く。集まった部品を自宅の、自分の机の上で、一台一台組み立てた。箱や取扱説明書が届いたので、それに入れてみると、立派だ。いっぱしの製品ではないか。注文をとって、これを宅配便で送ればビジネスが成り立つはずだ。


だいたいの準備が完了する頃、私はやはり、お客さんが製品を見て、触ることのできる場所が必要なのではないかと考え始めた。お店に置いてもらおう。原宿にアシストオンというインテリア雑貨やデジタルグッズを扱うセレクトショップがあり、Ｍａｃになじみのある商品を多く扱っていたので、最初に置いてもらうのはこのお店だろうと思った。

全てを見よう見まねで進めてきたが、商習慣というものもまったく知らない。卸値と販売価格が違うことは知っていたが、一体いくらで仕入れてくれるのだろう？　世の中には手形というものもあるらしいが、納品してからどれくらいで支払いをしてもらえるのだろうか。こればかりは聞く人もいない。いつもみたいに突撃するしかないのだが、敬語にも慣れていない自分が、うまくやれるのか心配だった。

電話をして、趣旨を伝え、アポイントを取った。人生初めての営業は、思いっきり緊張したのを憶えている。製品の特徴を伝え、見てもらうために実物を出そうとした時、自分の指が震えているのに気がついた。後にも先にも、人生で自分の指が震えているのを見たのは、あの時だけだ。

何か、審判を受けるような気持ちだったが、魅力は理解してもらえた。興味も持ってもらえたようだ。出荷の準備はほとんど終わっていること、アルミ削り出しで手作りなので、価格は三万円以上すること、一人で作っているので、大量には作れないことなどを、伝えた。

すると、取り扱ってくれるという。製品には二色のバリエーションがあったのだが、最初に、三台ずつ発注してくれるという。取引条件も、なんとなく想像していた範囲だった。おまけにＭａｃ関係の雑誌の編集者も紹介してくれることになり、ブランドと最初の製品がデビューして一ヶ月後には、全国の書店に並ぶ雑誌に載ることになった。

商談が終わり、階段を降りる時。身体中が汗でびしょ濡れになっていて、表の風が寒かったのを憶えている。

結局、製品をＭａｃ専用にしたのが良かった。あの頃、アップル製品のユーザーの数は限られていて、ただ、彼らはこだわりの強い人たちだった。コミュニティー意識が強く、Ｍａｃユーザーのためだけのニュースサイトもあった。マイナーな市場なので、関連する新製品も少なかった。

清水の舞台から飛び降りる覚悟で、苦労して作ってきたウェブサイトを公開した。素人が手作りで作った注文のシステムは本当に動くのだろうか。

公開しただけでは、アクセスはゼロのままだ。準備していたニュースリリースをＭａｃ系のニュースサイトにメールで送信すると、約一時間後には、彼らは情報を載せてくれた。するとあっという間にアクセスが集まり、それは創業直後の零細企業ではありえない数だったのではないか。

ウェブ公開から三時間後。オンラインショップに初めての注文が入った。信じられない。身体の芯が熱くなるというか、目頭が熱くなるというか。驚きと嬉しさが入り混じった気持ちで、妻に伝えにいくと、この時はさすがに喜んでくれた。

あまりに嬉しかったので、最初の製品は、お客さんのところへ直接持って行こうかと思い、その住所が名古屋だったのでどうしようかと考えているうちに、次の注文が入った。結局、初日で四件の注文が入り、これだけで十五万円の売り上げだ。

長く音楽をやってきた身からすると、衝撃的である。事務所から給料をもらうのはさておき、音楽で社会から現金を稼いでくるのは、ものすごく大変なことだ。それはおそらく、デビューして、かつ、人気が出た時以外にありえない。それまでは、じっと時間と労力を投資し続ける日々なのだ。

それがモノの場合、一個売れれば、一個分の代金が入ってくる。当たり前の話だが、モノと貨幣が交換されるというのは、なんとシンプルで分かりやすい仕組みだろうと、私は感嘆せずにはいられなかった。

ところで春日井製作所には、何台追加注文をすればいいのだろう。翌日、春日井さんに売れました！　と息を切らして駆け込むと、彼らは、いやいやこれからだよ、と言いつつも、本当に嬉しそうにしてくれた。

「X-Base」は、最初の三ヶ月で百台以上が売れた。ウェブの公開時、銀行の口座は五十万円を下回っていたが、あっというまに数百万円になった。このまま、おれは金持ちになるのだろうか、と本気で思い、気持ちは明るかった。原価の支払い、経費のこと、どのような層の人々が製品を買っているのか、人々が情報に飽きていくこと、などなど、私は何も理解していなかったのだ。

最初に買った段ボール箱や取扱説明書がなくなり始めて、次のロットを買う。そして二ヶ月待ちの製品原価の支払いが毎月回るようになると、増えたかのように見えた現金はすぐに減っていった。

それでも、あの頃の家内制手工業はとても楽しかった。会社が自宅で、従業員もいない。起きて、作ってもらった朝食を食べ、一生懸命仕事をして昼を休み、また仕事をして妻と一緒に夕食を食べる。風呂に入ってから机に向かい、次の製品の構想やデザインをした。外に出かけることも多かったが、私と妻にとっては、家が会社であり、会社は家だった。誰にも、何にも縛られない、素晴らしい暮らしだった。

最初こそ順調に注文が入ったが、それはそのうち、鈍化していった。一日待っても注文が入らないことがあり、たまたま、日に二件も入れば、その日は嬉しくてたまらない。

妻は、近くの文房具屋でビニール紐を買ってきて、それをまとめて輪ゴムでとめ、その先をカッターで細く裂き、中学生が何かの試合で応援のために使うようなボンボンを作った。そして、バルミューダのオンラインショップに注文が入ると、私の部屋に走ってきて、そのボンボンを振って、イエーイ！　と言いながら、喜ぶのだ。私も彼女も、一件の注文が本当に嬉しかった。

長男が生まれたのはこの頃のことだ。ということは、ボンボンを振っていた妻は、身重だったのだろうか？　憶えていない。

創業して二年目になると、私一人では組み立てが追いつかなくなり、音楽時代の信頼できる友人にお願いして、アルバイトに来てもらうことになった。この時は彼も昼食を食べるので、妻は三人分の食事を用意することになり、いつも十二時前になると階下から、できたよー！　という声が聞こえ、腹が減っていた私と友人は階段を駆け下りたものだ。

妻は、私がデザインするモノや、金属の魅力、メカニカルな雰囲気の良さなどは、まったく理解できないようであったが、自分の夫のやろうとしていることを支持していた。後に、会社にある程度の組織ができあがるまで、彼女は会社の経理会計を受け持ってくれた。

月末残高がどんどん減っていくような時。商品は売れているのに、なぜお金がたまらないんだ！　と妻に怒ったことがある。それこそ、私が考えるべきことだったのに。このことなどを思い出すと、本当に申し訳ない。

　第二弾、第三弾の製品を送り出し、それらは売れるでもなく、売れないでもなかった。創業年の売上高は、六百万円程度。二年目のそれも、一千万円に届かなかった。ぎりぎり食べていける状況だったが、好転している気がしない。

　Ｍａｃ関連商品では、あまりにも市場が小さいと思った私は、デスクライトを作ることにした。当時、デスクライトの光源と言えば白熱電球か蛍光灯が主で、ＬＥＤを光源に採用したまともに明るいデスクライトはこの世にはなかった。本当にそれが作れないのかと不思議に思って調べてみると、従来に比べて大電流を流すことで格段の明るさを実現した「パワーＬＥＤ」という技術が世に出始めたところだ。

　まだ世界で一社しか製造していないこのＬＥＤチップを使えば、ＬＥＤのデスクライトを作れる。代理店に聞いてみると、小さな会社にも売ってくれるという。ただ、恐ろしく値段が高い。

　当時、パワーＬＥＤチップは、一個が千五百円くらいの値段がついていた。私が作ったＬＥＤデスクライトは、このチップを四つ使っていたので、光源部だけで原価が六千円を超えた。しかも、支払い条件が前金、一度に九十六個入りのワンパッケージを買わなければならなかったので、資金的には相当痛かった。

初めて銀行から借り入れを起こしたのはこの頃だ。確か二百万円だったと記憶しているが、親兄弟でもない人たちが、この先どうなるかも分からない会社によく融資をするものだと、感心したものだ。

パワーLEDを使ったライトは、光源部分の放熱が難しかった。最高使用温度を超えると、短時間でチップが壊れてしまうからだ。

この点は、私のものづくりがアルミ切削加工から始まったのが奏功した。アルミニウムは金属の中でも熱伝導率が良い素材だ。アルミニウムで放熱性の高い形状の部品を作り、これに直接LEDチップを取り付ければ、その発熱を空気中に逃がせるはずだ。

このアルミニウム部品を実現させるために多くの試作品を作った。この時は春日井製作所に缶詰になり、数週間、加工ばかりしていた。多くの失敗をしたが、失敗を元にさらに形状を工夫することで、必要な放熱性能を実現させた部品が、やがてできあがった。

光源部分も台座部分もアルミニウムのブロックから削り出し、それらをつなぐ支柱は鉄のパイプ材を美しい曲線で曲げて作った。この支柱部分は、曲げ加工をしてくれる業者が見つからなかったので、自分で曲げるための器具を作り、工場の場所を借りて、一本一本手曲げで製作した。

こうして、世界で初めて直下照度一千ルクスを実現したＬＥＤデスクライトが完成した。このライトの出荷を始めたのは、確か二〇〇五年の一月だったから、創業からちょうど二年になろうとする頃だ。

ほぼ一人の、小さな会社がこんなすごい製品を作ったのだ。さぞかし世界中が驚くことだろうと思ったが、まったくそんなことはなく、ただ、この製品を発売したことによって、取引先が増えたのは良かった。

Ｍａｃのノートパソコン専用の周辺機器とは違う。デスクライトはもっと多くの人が使うものだ。ただし、金属から削り出した部品を多用して、高いチップを採用した手作り品は高額だった。発売した時は、六万円以上の価格を付けざるをえなかった。取引先は、高級インテリアショップなどに限られたが、それでも以前から比べるとだいぶ良い。この製品を発売したことで、年商は数千万円になった。

デスクライトはコンピューター周辺機器とは違い、本体も箱もやたらと大きくて、自宅でこれらを組み立て、かつ在庫を保管するのは不可能になった。初めて会社の事務所を借りた。初めての社員が入社したのもこの頃だ。

創業者の身には初めてのことばかりが降りかかる。そもそも会社設立も初めてだったし、営業も初めてだった。人を雇うのも、製品写真を撮るのも、ウェブページを作るのも初めてだった。銀行から融資を受け、社員まで入ってきた。大丈夫なのだろうか？　給料や賃料、これらをこれからずっと払っていけるのか、とても心配だった。

ものづくりの零細企業が次のステップに進もうとする時、その前に立ちはだかるのが「金型投資」と「資金調達」という名前の壁だ。この壁は身の丈をはるかに超えて見上げるほどに高く、万里の長城のように長く、そしてかつてのベルリンの壁のように冷たい。

それまでのバルミューダ製品は、ほとんどがアルミニウム切削部品を使用していた。この製造方法は、前述のように金属の塊から部品を削り出すので、金型が必要ない。ただし、一つ一つ、時間をかけて部品を製作するので、単価が著しく高くなるという側面を持っていた。

おそらく、手元資金がない中で製品を世に出そうとしたら、この手法しかなかっただろう。そしておそらく、この手法を取っている限り、利益を出して会社を成長させることはできないだろう。

五セット、十セットといった、ごく少量から製品を作り出すことができる。しかし少量なので原価が高い。原価が高いので売値も高くなり、結果、売れにくいものになってしまうからだ。

例えば同じ形状の部品でも、金型というものを作って大量生産できるようにすれば、部品の原価は驚くほどに下がる。私たちが普段、身の回りで使っている道具のほとんどは、金型を使って大量生産した部品を組み合わせたものだ。

ただし、金型は高い。大きさにもよるが、一つの金型で数十万円から数百万円する。部品数が数十点ある製品を金型で作ろうとしたら、合計でいくら必要になるのだろう。例えば家電の場合、金型代はだいたい数千万円。大型の商品になると一億円を超えるものもある。

年商で数千万円の私たちが、それを超える金型代を準備することは不可能だった。自分たちの製品は、あまりにも高い。もっとお客さんの選択肢に入るようにしたい。製品の原価を下げ、買いやすい値段にするために金型を作りたい。しかし、利益が出ないのでその資金を作ることができなかった。

それから数年間、バルミューダデザインの売上高は年間数千万円のまま変化が止まり、それなのに銀行からの借り入ればかりが増え続けていた。利益が出ず、借入残高だけが増えていたということは、あの頃の私たちは、銀行からの借金で食べていたのだ。我が家では次男が生まれ、日々一生懸命仕事をしていたので楽しくはあったが、経済的には厳しかった。

いつも通りかかる交差点に、ファミリーレストランがあった。週末にもなればその店内は混み合い、外から見ると暖かそうな光の中、お客さんたちは楽しげに料理を食べ、店員は忙しく動きまわっていた。

私はその店を見るたびに、腹が立った。数年間、ほとんどの週末も休まずに、毎日毎日、一生懸命仕事をしても利益が出なかった。たまにはね、と言って家族で外食に出かけることもあったが、いつもふところの寒さが気になって楽しめなかった。むしろ食べているうちに、腹立たしくなってきたものだ。

音楽や詩の世界で成功するのは本当に大変で、二十代の私は、ついにそれを成し遂げることができなかった。しかし、こちらはこちらでとても難しい。うまくいかせる方法が分からなかった。

来年はどうなるのか。再来年には、自分はアルバイトをしているのだろうか。レストランで楽しげに食事をするあの人々の飲食代は、世の中のどこから出ているのだろう。利益はどうすれば出るのだろう。安く買って高く売れば利益は出るというが、私の会社の場合、利益の根源は発想やクリエイティブにあるはずだ。

やっぱり、自分の才能は世の中と合っていないのだろうか。音楽もモノにならなかったが、今回もモノにならないのだろうか。もしかしたら、おれは利益とか成功とかとは縁のない人間なのかもしれない。

あの頃の私は、いらいらして焦っていた。困っている現状があり、それを打開する策が見つからない時、私たちはついケチになってしまう。寛容さや思いやりを失ってしまう。

本当に厳しい状況の中でも、自身を顧みず、他者を思いやり、譲り、爽やかな行動を取れる人がいるのだという。話には聞いたことがあるが、本当なのだろうか。少なくとも自分は、そんな爽やかな人ではないことが、よく分かった。

江戸時代後期、越後に生まれた良寛という僧侶がいた。最期まで、寺も野心も持たず、全国を旅したり、人の世話になりながら生きて、終生、質素な暮らしを貫いた人だ。ただ、知っていることをよく人に教え、周囲や弟子たちからの人望は篤かった。

このような人は他にもたくさんいたのだろうが、なぜ名前が残っているかといえば、いくつかの優れた歌を残したからだろう。そんな彼にこのような歌がある。

〝鉄鉢に　明日の米あり　夕涼み〟

言い知れぬ余裕というか、達観が感じられる。あの頃の私の家にも、明日の米くらいはあった。この人はなぜ、明日の米があるくらいで、こんなに心に余裕を持つことができるのだろう。

逆に、私たちはなぜこんなにも焦っているのか。人の目を気にして、何を言われるのか心配して、自分たちがこの先どうなるのかを、いつもいつも心配している。

現代社会に生きる私たちは、仙人暮らしの良寛さんとは違う。良寛さんが野心も何もないのに比べて、今を生きる私たちには、出世したいとか、家が欲しいとか、安全に暮らしたいとか、数えきれないほどの望みがある。

それに、私の場合、何よりも、人に認められたいという望みを持っていた。焦っていた。

そして当時のバルミューダデザインに、覆いかぶさるようにしてやってきたのが、リーマンショックだった。

第十章　夢の扇風機

二〇〇七年。アメリカの中低所得者向け住宅ローンの返済焦げ付きから始まった金融危機は、その翌年、投資銀行リーマン・ブラザーズが倒産することで、その影響が世界中に飛び火した。リーマン・ブラザーズと言えば、かつてのアメリカ最大の投資銀行だ。ウォールストリートの花形だっただろう。当時の従業員や周辺の人たちは、この帝国がつぶれることなんて絶対にないと思っていたに違いない。しかし、そうではなかった。「絶対」はこの世にはないのだ。

リーマン・ブラザーズの破綻を受けて、世界中で金融業界への信頼が低下し、多くの資産の価値が急速に失われていった。このとき日本では、日経平均株価が一ヶ月の間に、約半分になるという事態が起きた。

ニューヨークだとか、株価だとか、自分には関係のない雲の上の話だと思っていたのだが、そうではなかった。日本でも、特に高額商品が売れなくなっていった。

百年前とは違う。このように世界中の経済が密接に関連する時代、地球の反対側で起きた経済的な爆発は私たちの住む街にも影響を与えた。伝わってきた爆風で、有限会社バルミューダデザインは、今にも吹き飛びそうだった。

手作りのバルミューダ製品は、いわゆる高額商品で、リーマンショックの後、だんだんと受注が減っていった。やがて戻ってくるだろうと思っていたのは間違いで、三割減、五割減と、販売低迷は底なしに続いていった。もともと赤字経営をごまかしながら生き延びていた会社に、この状況が重なれば、もうダメなのだ。行く末は、誰にだって分かるだろう。

なんとか持ちこたえていたのだが、覚悟を決める時がやってきた。

二〇〇九年の一月のことは、いまだに忘れられない。少なくなりつつも、細々と入っていた注文が、本当に止まった。受注を受け付けるファックスが、一ヶ月間、一回も鳴らなかった。もしかしたら壊れているのかもしれないと思って、念のために自分で電話をかけてみたが、案の定、ファックスは壊れていなかった。

この頃のバルミューダの製品ラインナップといえば、コンピューター周辺機器が数種類と、照明器具が数種類。どれも高額商品だ。売れない商品を抱えて、販売先を回っても結果は同じだろう。彼らとて、困っているに違いない。きっと、他の商品も止まっているのだ。

この前年、インテリアショップの店頭に立たせてもらったことがあった。一生懸命になって自社商品をお客さんに売り込んだが、一週間でデスクライトが三台売れただけだった。今更同じことをしても、もっと売れないだろうし、この窮状には役に立たない。

当時のバルミューダは、私と社員が一人、アルバイト一人の全部で三人の会社。その年の売上げ高は四千五百万円で、決算は一千四百万円の赤字。そして銀行からの借り入れは三千万円以上あった。

そして注文が止まった。この状況で、銀行から新たに借り入れることはできない。この会社は、あと何ヶ月持つのだろう。三ヶ月か、長くて半年か。おそらく倒産するだろう。

泣きたいような気分で車に乗り込み、例のファミリーレストランの前を通る。未曾有の金融危機のはずなのに、中では、お客さんたちが料理が運ばれてくるのを待っていた。そう、今日もたくさんの人たちが暮らしているのだ。

シャンプーも買うし、靴下も買う。自分も含めて、日本中で日々の消費活動は続いている。そんな中、自分の会社は倒産しようとしていた。

あの時、私は長年の疑問の答えが、やっと分かった気がした。自分たちの製品はなぜ売れないのか、これまで嫌というほど考えてきた。高いからだと思っていた。しかし、やっと気がついた。製品が売れないのは、高かったからではない。必要なかったからなのだ。

悲しかった。あんなにも一生懸命になって作ってきた製品や会社は、必要とされていなかったのだ。私たちの製品が人の役に立っているかと言えば、今の結果を見れば明らかだ。結局、自分勝手だったのだ。

カッコいいと思うのは大事だが、それよりも人に必要とされるほうが大事だったのだ。なぜ気づけなかったのだろう。大事なことに気がついた時、会社は倒産寸前だった。

倒産が現実味を帯びて目の前にせまり、その後に何が起こるのかを想像し、眠れない夜を過ごしたあの一ヶ月間。私は考え続けた。注文も止まっていて製品組み立ても暇だったし、考えるくらいしかやることがなかったというのが、本当のところだ。

もう遅いかもしれないが、今から必要とされるものを作ることはできないだろうか。有限会社バルミューダデザインは、まだある。倒産しそうだというならば、それを使うのは今しかない。

会社の名義もあるし、たった三人だが人間もいる。事務所もある。キャッシュは少ないが、ゼロではない。既存の商品を売らないと決めれば、原価の支払いが発生しないので、数ヶ月分の給料は出せるだろう。

創業してからこれまで、できるできないは置いておいて、数多くの製品の夢を見てきた。いつか会社が大きくなったら、あんなものを作りたい、こんなものを作りたい、夜な夜な自分の机に向かってスケッチを描き、夢は尽きなかった。そして、そんな夢の製品の中で一番すごいと思っていたのは、次世代の扇風機だ。それは構想でしかなかったが、私は、新しくて、良い扇風機を開発すれば、それは絶対に売れるだろうと思っていた。

夏になると毎年使うのに、扇風機は涼しくない。それは風が強すぎるからだ。強すぎて、あたり続けられないから、結局、涼しくならない。

小学生時代の夏休み。朝から気温はぐんぐん上がり続ける中、私たちは外で遊んだ。カブトムシを取ろうとして、ジリジリと木に近づく時、吹きぬける風に心が救われる思いがした。坂道を下る自転車の風は、気持ちが良かった。あんな風が部屋の中を吹き抜けたら、どんなに素晴らしいだろう。

そう思っていたのに、なぜ開発に着手しなかったかと言えば、それを商品化するための資金がなかったからだ。扇風機ほどの家電になると、その金型代だけで三千万円程度はするだろう。他に初回の在庫の買い入れもある。きっとバルミューダの年商を上回る現金が必要になるのだ。発売できない商品を開発しても仕方がないと思っていたのだが、今、そんなことは関係なくなった。

もし、あの時の風を再現する素晴らしい扇風機ができたら、きっと多くの人が必要としてくれるはずだ。なぜなら毎年、夏は暑い。エアコンが嫌いな人もいる。地球温暖化と燃料の枯渇が本当に進むのなら、やがては世界中の人たちから必要とされるものになるかもしれない。

黙っていても、どうせ会社はつぶれる。どうせ倒れるなら、前に倒れようと思った。だいたいが、リーマンだかピーマンだか知らないが、どこかの贅沢をしていた金持ちのせいで、自分の夢がついえるのはまっぴらごめんなのだ。この夢を失うのは、おれは絶対にいやだ、と思った。

こうして急に空気や流体に関わる開発を行うことになった。当然ながら、完全に素人だ。私は紀伊國屋書店に行き、流体力学の本を三冊買って流し読みした。

流体力学の基礎はこの時に覚えたが、一番有用だったのは、その中でも最も難しい本に書いてあったことだ。そこには、流体力学にはいまだに分かっていないことがたくさんあると書いてあった。

なんだ、そうなのか。学者でも分からないことがあるという。そういう意味では、我々素人と彼らに大差はない。分からない者同士なのだから。素人だからといって恐れる必要はない。自由に考えてみていいのだ。

扇風機の風はなぜ人工的だと感じるのだろう。自然界の風はなぜ優しいと感じるのだろう。その違いを確かめようとして、私たちは駐車場や屋上に風速計を立てて自然界の風の変化を観測し、同様に扇風機の風も計測した。

やがて分かってきたのはこうだ。扇風機の風と自然界の風とは、まずその風速が違う。私たちが屋外で「そよ風」と感じる風は、ごくゆっくりと移動する空気の流れで、扇風機の風は「弱風」でも、圧倒的に風速が速かった。

次に風の面積。自然界の風は大きな面で空気が移動するのに対して、扇風機の風は三メートル離れたところでも直径五十センチの面積にしかならない、細いスポットライトのような風だった。

そして最後に分かったのは、扇風機の風は渦を巻いているということだった。いろいろな実験をする中、羽根ガードに長い糸を結びつけたことがあったのだが、風を送り出すとこの糸がくるくると回転する。プロペラを回して送り出した風は、渦を巻いていた。

このことは考えてみれば当たり前で、例えばモーターボートのスクリューの後ろの水流も渦を巻いている。そして私たちが気持ち良いと感じる自然界の風には、このような渦成分はない。

以前訪れた町工場でのこと。その日は残暑が厳しく、職人さんが大きな扇風機を使っていた。よく見ると、それを壁に向けて送風させ、はね返った風に当たっているようだ。不審に思って聞いてみると、知らないの？　こうすると風が優しくなるんだよ、と言われた。あの時は、ふーん、そんなものかな、くらいにしか思っていなかったのだが、今は風を探究する身だ。このことを思い出した私は、早速家に帰って試してみた。

すると、なる。確かに風が優しくなる。これがなぜかと考えてみると、扇風機の風が持つ渦成分が壊れるからだ。渦を巻いた風は進み、壁にぶつかる。ぶつかったあとに跳ね返るのだが、この時には渦成分は保持されていない。大きな面で移動する空気の流れに生まれ変わっていた。とは言っても、壁と扇風機を一緒に売るわけにはいかない。何にぶつければ良いのだろう？

テレビ番組で三十人の小学生が隣の友達と足を紐で結んで競走する、「三十人三十一脚」というものがあった。要は、長い二人三脚だ。二人だけでも進みにくいのに、三十人がつながっているとなれば、よほど息が合っていないとスピードに乗ることはできないだろう。

しかもその中には足の速い子も、ゆっくりの子もいる。それぞれを列の中でどのように配置するのかも、競走をする上では重要なようだった。

これをよく見ていると、足の速い子たちは前に進もうとするのだが、ゆっくりの子供たちとつながっているので、それができない。ゆっくりの子に引き寄せられていき、最終的には列全体が倒れこんでしまっていた。

同じことが、流体でも起きるのではないかと思った。速度の違う二種類の風を同時に、隣り合わせて送り出した時、その進む方向に変化が生じるのではないだろうか？　それがもし、あの小学生たちのように進むのならば、二種類の風同士を衝突させることができるかもしれない。

この仮説を確かめる方法は簡単だ。内側に遅い風を送り出す羽根、外側に速い風を送り出す羽根を配置した二重構造の羽根を作ればいい。加えて、風量を保ったまま風速を落としたいのだから、それぞれの羽根の面積も大きくしよう。こうすれば回転数を抑えても豊かな風を送り出せるだろう。

私たちは早速、このアイディアを３ＤＣＡＤで羽根の形に設計した。データにして、当時まだ珍しかった３Ｄプリンターで形にする。一回の試作に数万円がかかり、当時のバルミューダにはこれさえも痛かったが、ともかくも形になった。

この羽根を普通の扇風機に取り付け、回してみる。いったいどんな風が出るのだろう？　思惑は当たるのだろうか？

初めてこの羽根の風を浴びた時、風が弱いと思った。なんというか、芯のない風だ。浴びている気がしない。ダメだと思った。しかし、計測を続けていくと。

私たちの新しい羽根は、普通の扇風機の羽根に比べて四倍の面積の風を送り出していることが分かった。しかも羽根面積が大きいため、ゆっくり回しても風が出て、その風の進むスピードは一秒間に数十センチ。計測していた時、自分たちが気持ちいいと感じていたそよ風と同じ風速だ。

そして何より、渦成分が途中から消えていた。この羽根は、外側からは速い風が、内側からは遅い風が送り出される。あの子供たちのように、外側からの風は内側に引き寄せられていき、やがて二種類の風はぶつかり合い、渦成分がこわれるのだ。そこからは広がっていく自然界のような豊かな風だ。

最初に浴びた時、芯のない風だと感じたのだが、考えてみればそれこそが望んでいた風だったのだ。自然界のそよ風には、強さも芯も感じない。ただ、身の回りをゆっくりと空気が移動していくのだ。まさに、あの風が再現されていた。

こんなまぐれがあるのだろうかと思った。いくら何でも、ラッキーすぎる。確認のために何度も計測を繰り返したが、何度やっても、それは自然の風だった。

後に、この羽根から送り出される風は、遠くまで届くことも分かった。回転数にもよるが、その到達距離は十五メートル。普通の羽根の二倍から三倍にあたる。広がる風は、普通に考えると到達距離は短くなりそうだ。それが、なぜこんなに遠くまで届くのか。実は、今だに分かっていない。

実験にうつつを抜かしている間にも銀行残高は減り続け、気がつけば、底が見え始めていた。会社はもうすぐ倒産する。ただ、こんな時になって、偶然か幸運か分からないが、素晴らしい技術が手元に転がり込んできた。商品化すれば大成功する可能性がある。間に合うかもしれないと思った。

バルミューダという手漕ぎの舟の底には穴があいていて、どんどん浸水が進んでいる。その舟の上で。世にも素晴らしいエンジンを思いついてしまったのだ。これを使えば、沈没する前に、向こう岸に着けるかもしれない。この手漕ぎのボートを、沈む前に、モーターボートに改造するのだ。

沈むのが早いのか、エンジンの完成が早いのか。私たちは、沈みゆく舟の上で、エンジンの開発を急いでいた。

ここから約一年と半年、私はまるで夢遊病のような日々を過ごした。人生最大のチャンスを手にしていると感じながら、ギリギリの道を全力で走り続けた。

思い出したかのように入る注文の処理と組立てをアルバイトに任せることにして、残る一名の社員と設計を進めながら、私は資金調達に奔走した。訪ねられるだけの銀行を訪ね、あらゆる助成金を調べて申請し、投資をしてくれる人を探すために知り合いのつてを使ってたくさんの人に会いに行った。

できたばかりの羽根を普通の扇風機に取り付けて、初めて銀行に見せに行った時のこと。支店長に、この技術がいかにすごいかを説明し、商品化するために金型代と初期在庫費用の六千万円が必要だと訴えた。

バカな話をしているのは自分でも分かっていたが、金額を聞いてさすがに支店長は笑った。面白い技術だというのは分かります。だけど赤字続きの会社に年商を超える額を融資する銀行はないでしょう。それよりも、この経営状況をどうするのですか？　夢みたいな商品の開発をしている場合ではないのではないですか？　と言われた。

もっともだろう。自分が、現状を分かっていない、バカな、ホラのような夢を見ている人間だと思われたのは不本意だったが、そう思われてしまうのも分からないではない。

他のいくつかの銀行もあたってみたが、答えは皆同じだった。むしろ、もっと冷たくされて帰って来るのがオチだった。

羽根の技術が完成してから数ヶ月後には、製品デザインの方向性も決まっていた。コンセプトは、どこから見ても扇風機に見えること、そして、どこから見ても新しいと感じること、この二つだった。

仕上がりつつあったデザインは、見事にコンセプトを表現していて、真っ白いボディは昔から変わっていない従来の扇風機とはまったく違う、次世代の扇風機に見えた。

扇風機の場合、羽根と同じくらい重要な部品としてモーターがある。内側に五枚、外側に九枚の翼がついているバルミューダの新しい羽根は、従来に比べて圧倒的に羽根面積が大きい。普通の回転数で回すと風が出すぎてしまい、つまりはゆっくり回転させる必要があった。

調べてみるとそれを可能にするのはＤＣブラシレスモーターという、これまで扇風機には使われたことのないモーターだった。低回転で回すことができ、細かい制御も可能な上に、消費電力が低いという特徴を持つモーターだ。

これがなぜ扇風機に使われなかったかと言えば、価格が驚くほど高いからだ。モーター単体だけでも高いのに、それを制御するための電子基板も必要になり、こちらも値がはる。

ただ線をつなげれば回る従来のモーターとは、技術難易度も価格も別物だった。

モーターメーカー数社に連絡をして、やっと相手にしてくれたのが、DCブラシレスモーターだけを作る中堅メーカーだった。彼らに提供してもらったサンプルに羽根を取り付けて低回転で回してみると、これまで以上に自然の風が再現された。そして信じられないくらいに静かだ。その上、消費電力が低かった。

数ヶ月前に思い描いた、新しくて良い扇風機が出現しようとしていた。この白い、新しい扇風機は、従来と違って自然界の風を送り出すことができる。その風は優しくて、あたり続けることができるので、涼しさを提供できる。もう誰も、扇風機は暑い空気をかき混ぜているだけなんて言わなくなるだろう。

扇風機と言えば、百年前から使われている道具だ。ずっと変わらなかったこの道具が、自分たちの手で、新しい時代のものになろうとしていると感じた。

ただ、DCブラシレスモーターを使うので、高額になることは確定した。普通の扇風機の価格は三千円程度だろうか。バルミューダのそれは、おそらく三万五千円程度になるだろう。

世の中には助成金というものがある。これは政府や自治体などの公的機関が認めた事業に資金を提供するというもので、ほとんどの場合、返す必要がなく、もらえるものが多い。しかしその分、事業の社会貢献度や公共性を評価される。

あの頃の私は、助成金を引き出そうとして何枚の書類を書いたのだろう。設計やデザインに関わる仕事を終え、遅くに自宅に帰ってきてから机に向かい、申請書類を書き続けた。申請できるだけの助成制度に申請をし、そのうちの数件は書類審査を通過して、二次審査の申請者によるプレゼンテーションという段階に進んだが、その中で特に思い出深いものがある。

二次審査の会場に行ってみると、会議室に数名の審査員が並んでいた。役割分担があるようで、技術、経営、財務、マーケティングなど、それぞれの分野に詳しい人たちが、事業の評価をするのだ。ここで彼らが揃って良い印象を持てば、助成金をもらえることになる。

ものづくりの助成制度なので、まずは技術面が焦点になった。私は持参した扇風機にバルミューダの羽根をつけて動かし、風を浴びてもらった。担当の審査員は、私の羽根の新しさや有用さを理解してくれたようだった。

つまずいたのはマーケティング分野だ。初老の審査員が、三万五千円の扇風機は絶対に売れない、と言いきった。技術やデザインがどうあれ、従来品に対して差がありすぎる、常識の範囲を超えている、外国製ならまだしも、君はマーケティングを何も分かっていない、と言った。

あの時。

すいません、なるべく安くするようにします、と言えば良かったのだろうか？　当時私は三十五歳。反論をしてしまった。常識の範囲という言葉と、外国製ならという言葉に反応してしまった。常識外の価格の商品が売れた例はこれまでいくらでもあるし、外国製でなければ高額で売れないという説は、何の根拠があるのか。

あなたこそ現在の市場と感覚が離れているのではないのか？　マーケティングを理解しているということだが、もし本当にそうなら、あなたは今ここにいないだろう。なぜならその分野で十分な成果を出していた場合、今だに引く手あまたなはずで、こんなところで審査員をやっているはずがないからだ。

これらを全部、言ってしまった。彼は、カンカンになって怒っていた。他の審査員にも大きな影響を与えたに違いない。

帰り道のバスの中、試作機を入れたトランクを大事に守りながら、私は後悔していた。この助成金はナシになった。おれがバカだったのだ。

設計を進めていくと、より多くのモーターのサンプルが必要になった。私たちが話していたDCブラシレスモーターメーカーの担当営業の人が、困ったと言ってきたので話を聞いてみると、これ以上無償でサンプルを提供できないと言う。社内が動かないと言うのだ。彼と相談して、モーター会社の社長に直接説明し、協力を取り付けようということになった。

神田にあったそのモーター会社に初めて行ったのは、夏の暑い最中だった。社長をはじめ、幹部の人たちが居並ぶ中、私は羽根の説明をした。試作機の風を出すと、そこにいた人たちはみなエンジニアだったので、なぜ風が変化するのか、取り付けられた自社モーターの静かさや消費電力に興味を惹かれているようだった。

その中でただ一人、腕を組み、目を瞑りながら、じっと風を浴びていたのが彼らの社長だ。周囲がざわつく中、一人、この羽根の市場性を確かめているように見え、しばらく黙った後に、いい風だな、と言った。

あらためて紹介してもらうと、その人はなんというか博打打ち風で、低くドスの利いた声で、丸山です、と名乗った。当時、六十歳を前にしていたのではないか。ワルそうな顔で、片足を引きずりながら歩き、とても堅気には見えない。ただ、話の端々で見せる笑顔が、とてもいたずらっぽかった。

丸山社長のツルの一声でバルミューダの扇風機のためのモーターの開発支援が決まった。この頃になると製品のデザインは完成していて、その設計もほとんど終わっていた。私はデザイン図を見せ、開発状況と資金調達の状況を説明した。

丸山社長は私の話を興味深く聞き、資金が調達できたら、モーターや電子基板だけでなく、扇風機本体の製造もしてあげようと言ってくれた。彼らは中国に工場を持っていたのだ。

後から考えれば、モーター会社もリーマンショックの煽りを受けていたのだ。売り上げが減る中、モーター単体だけでなく、完成品の家電を製造すれば、減った売り上げも利益も伸ばせるだろうと考えたのだと思う。

ただ、こちらとしては、モーター開発の要請に来たつもりが、作りたいと言ってくれる製造先まで見つかってしまった。あとは、資金だけだ。

あの頃、新しい扇風機の風を浴びてもらった人たちのうち、数人から、同じことを言われたのを憶えている。

確かに、風は優しく感じる。他とは違うと思う。でも、足元の経営状況を見ても、バルミューダがこれを商品化するのは不可能だろう。扇風機を作っている会社にこの羽根を売り込んだ方がいい。大手メーカーと契約して、彼らの扇風機にこの羽根をつけて売ってもらい、バルミューダはそのライセンスフィーを受け取ればいいじゃないかと言われた。

親切な人は、ライセンスで利益を上げた事例を挙げて、不本意かもしれないが、これでまず資金を作って、その後に自社製品として商品化したらどうかと言ってくれた。

それじゃダメなのだ。ロックバンドが、奇跡の名曲を書いた。これを人に売る？　音楽の世界だったらアイドルグループに売るということにでもなるのかもしれない。ロックスターはそんなことはしない。自分で書いた魂のこもった曲を、自分で歌ってこそのロックミュージックだ。

それは絶対にできないと言い張る私を見て、彼らは今更何を意地はっているのかと思っただろう。ただ、自分にとっては、これは意地ではなかった。高校を辞めてから二十年間、変わらずに追い求めてきたのは、自分と社会との接点だ。その接点を、この羽根が持っていると感じていた。扉を開いてくれると感じていた。私にとっては、あれは意地ではなく、自分が生きる意味だった。

これを売ったら、きっとあの時の二の舞になるだろう。人には、絶対に売ってはならないものがあるのだ。

第十一章　エイプリルフール

二〇〇九年は秋を迎えようとしていた。一月に、持って半年だろうと思っていた会社は、今のところ持ちこたえている。とは言っても、月末の残高は数十万円、商品作りをやめて原価の支払いがなくなったからつぶれていないだけだった。

行けるだけの銀行に行った。試作品の精度が上がったり、新しいモーターを取り付けたりするたびに、自分にとっては商品性が上がったと感じたし、それを理解してもらいたかったからだ。

しかし、彼らの答えは同じだった。まずは今の状態を立て直してください、話ができるのはそれからです、その情熱を事業の立て直しに使ってください、と言われた。

彼らは分かっていないのだ。今の状況を立て直すくらいでは意味がないのに。もし本当に延命できたとしても、また同じことになる。やらなくてはならないのは、状況を立て直すことではなく、状況を変えることなのだ。何か、景色が変わってしまうような、衝撃的な、大きな変化が必要なのだ。

ベンチャーキャピタルにも行ったし、知人の紹介をたどってお金を持っていそうな人にも会いに行った。

結局、あの頃、三万五千円の夢の扇風機が売れると読みきった人はいなかった。魅力を感じていた人もいただろうが、何しろ当時の私の状況と、やろうとしていることのバランスがとれていなかったので、投資をするなり、賭けるなりするのには二の足を踏んだのだろう。

倒産寸前、借金だけはある。商品化されたら売れるかもしれない技術もあるが、前代未聞なので、本当に売れるのかどうか分からない。あのころ話した人たちは、このように感じていたのだろう。

夢は眩しい。しかし、その夢のオーナーが感じるほどの輝きを、ほかの人たちは感じないものだ。私の場合、これまでに数知れない夢を見てきた経験があった。そしてその経験からして、今回の夢は間違いなく本物だった。夢しかなかった。気持ちいいくらいに、他には何もなかった。

最後まで可能性が残っていた助成金の結果が発表される日。私は朝からソワソワしていた。銀行も、他の助成金も全滅、会える人には会いに行った。この助成金が取れなかったら、数ヶ月続けてきた資金調達の試みは無駄だったということになる。

昼過ぎ、インターネットで助成される企業が発表された。全部で百社以上ある。これに入っていないはずはない。パソコンの画面を見ながら、心拍数が上がるのを感じた。最初に助成対象になった企業リストを流し読みして、もう一回、見直した。確認のために、もう一度、見直してみた。有限会社バルミューダデザインの名前は、そこにはなかった。

それは当時申請できるなかで、最も規模が大きい助成制度で、半分以上の確率で取れるだろうと踏んでいたものだ。モーター会社の人たちにも、おそらく取れるだろうと言ってしまっていたので、彼らも期待して待っていたに違いない。

恥ずかしかったが、結果を報告しにモーター会社を訪ね、丸山社長に内容を伝えた。ご期待してもらっていた助成金はダメでした。銀行、ベンチャーキャピタル、他の状況も話し、早い話がこれまでしてきた資金調達活動はすべて実を結んでいないことを伝えた。

丸山社長はとても残念がった後に、こう言った。寺尾くん、時間がないぞ。もう秋だ。来年売り出すとしたら生産準備にかからなきゃいけない時期だ。間に合うかどうかわからないが、中国に行って試作品を作ってきたらどうだ。

家電の世界では、開発のある段階で、最終形に限りなく近い試作品を作る。これを評価して必要な部分に設計の変更をし、最終形に近づけていく。それまで私が持ってまわっていた試作品は、普通の扇風機にバルミューダの羽根を取り付けただけのものだった。

パソコンの画面の中には、すでに次世代の扇風機がある。デザインも、設計も、ほとんど終わっている。「グリーンファン」という名前もつけ、私にとっては、世界を変えてもおかしくないくらいの、意味のある製品に見えていた。一台だけ、これの本物を作って、皆に見せれば反応も変わるだろうと言ってくれたのだ。

もしも丸山社長がモーター会社のオーナーだったら、あの時、もっと大胆な決断をしていたかもしれない。夢の扇風機が売れる可能性にかけて、さっさと契約をして、自分の会社を動かしてものづくりの準備を始めてもおかしくないくらいの人だ。ただ、彼にはそんな権限はなかった。その上に会長という会社のオーナーがいる、サラリーマン社長だったからだ。

当時の私は、ほぼ一文無し。中国へ行くための渡航費、現地での宿泊費、食費、そして数百万円かかる最終試作品を作る費用、これら全てを丸山社長が個人で出してくれた。いつ返せばいいのかと訊く私に、答えた言葉がこうだ。

寺尾くん。会社がつぶれたら、どうせ返せないだろう？　返せる時は、寺尾くんが金持ちになっている時だ。そんなもん、いつだっていい。そして、かっかっかっ！　と高笑いをしたものだ。

親、兄弟、家族以外に、真の親しみを感じられる人は、どれくらいいるのだろう。これまで私にとって、仲間と呼べる人たちはバンドくらいだった。春日井さんたちは、師匠だった。私は、先輩や上司というものを持ったことが一度もない。勝手にだが、自分にとってのそれにあたる人は、丸山社長だと思っている。この人の期待に応えたい、と思った。

三週間かけて中国で作ってきた最終試作品を見せに丸山社長に会いに行くと、これで奴らも変わるだろう、と言う。銀行を奴ら呼ばわりしてしまうのは、長い間、経営者という立場に置かれた身の上を考えれば仕方がない。鼻をあかしてやれ、くらいの勢いだ。

新しいデザイン、新しい風、新しい価値観を持った次世代の扇風機が、そこにはあった。

これで他の人も分かってくれるかもしれない、私もそう思った。丸山社長に、がんばれ、寺尾くん、がんばれ！　と背中を押されて、私はモーター会社を飛び出した。

しかし、大変申しわけないことに、私は銀行に行かなかったのだ。行ったところで、何も起きないことが分かっていたからだ。その代わりにまわったのは、販売先だった。丸山社長の思惑とは違うかもしれないが、期待に応えるには、この方法しかない。

すばらしい扇風機というアイディアはある。デザインも設計も終わっていて、それを実現した最終試作品まである。あとは、これが売れるということを証明すれば、資金はついてくるはずだと思った。どうやって証明するかといえば、実際に注文を取ってしまうのだ。これ以上の証明はないだろう。

とは言え、これまでのようにインテリアショップをまわって、来年の商談をしても意味はない。来年の商品に発注書は出ないからだ。思いつく中で、発注書を一番早く出してくれると思ったのが、カタログ通信販売の会社だった。彼らにはカタログの準備というものがあるので、発刊日の半年前には商品の決定をするのだ。

いくつかのカタログ通販会社をまわり、私は夢の扇風機の宣伝をした。まったく新しい羽根、自然界のそよ風を再現した風、わずか数ワットという省エネ性能、蝶が数羽、羽ばたくのと同じくらい静かな運転音。そして、先進的なデザイン。

来年の五月に発売する、まったく新しい扇風機です。これまでの扇風機の常識を覆す商品になります。ぜひ、取り扱いを検討してください！　私は力説した。

すると、面白いようにカタログ掲載が決まっていった。どの会社も興味を持ってくれ、魅力的な商品だと思うので扱います、との答えだ。ただ、三万円を超える扇風機を売ったことがないので、何台売れるか分からないと言う。私が欲しかった注文書は出せないと言われた。

担当の人に、嘘でもいいから注文書をもらえないかと訊いたことがあったが、それはさすがに、と笑われ、結局は内示書をもらうことで落ち着いた。カタログ掲載が決定したので、来年早々にも数百台の発注をするという内容の書類だ。

この頃、手持ちの現金が底をついて、本当に困ったのを憶えている。商談のために大阪まで行かなければならないのだが、新幹線の切符を買う金がなかった。しかたなく、知り合いに借りた。

夢の扇風機の試作品を入れたトランクを引っ張って、私はいろいろな場所に行った。資産家がいると聞けばその人を訪ね、この扇風機に興味を持ちそうな会社の偉い人たちにも会いにいった。

夜遅く、事務所に戻って、資料を新しくして次の日に備え、試作品の指紋を拭き取ってピカピカになるまで磨いた。他に当たれるところがないかとインターネットで検索した。

カタログ通販の会社はもちろん、これまでの取引先もまわり、発売されたら取り扱ってもらえるかどうか、その時、だいたい何台くらい売れそうかを訊いてまわった。そしてできれば、内示書をくれないかとお願いをした。

夕暮れ、ひと気がまばらになる初めての商店街を歩きながら、ふところの寒さを痛感した。駅の立ち食いそば屋で悩んだあとに出てきた天ぷらそばは熱すぎて、舌がやけどをしそうになったのを憶えている。でもそれは、しみ込むほどにうまかった。数十円を気にするのは、アルバイトをしていたころ以来だろう。

何も知らない人が今の自分を見たら、惨めな境遇だと思うかもしれない。しかし絶対に違う。トランクの中に、夢の扇風機を持って歩いている。人生最大の可能性を持って歩いている。そう自分に言い聞かせていた。

当時、私は先の見えない道を全力で走った。絶対にうまくいくアイディアだ。発売までこぎつけさえすれば、絶対にうまくいくのだ。ただ同時に、時間は無くなり続けていた。
夢が近づいているのか、遠のいているのか、分からなかった。半年後、自分たちがどうなっているのか、会社がどうなっているのか、分からなかった。会社はなくなっているのだろうか？　それとも扇風機を売って、未来を切り開いているのだろうか？　のるかそるかだった。
ブルーハーツの作品に「キスしてほしい」という名曲がある。この時期、私の頭の中でずっと鳴り続けていた曲だ。

〝どこまで行くの　僕達今夜　このままずっと　ここに居るのか
はちきれそうだ　とび出しそうだ　生きているのが　すばらしすぎる〟

見えない未来に向かって、がむしゃらに頑張っていると、最後には爽快感だけが残った。あんなにも、自分の生命を感じながら過ごした日々はない。生きてて良かったと、心から思った。

二週間くらい、かかったと思う。私は死に物狂いで内示書を集めた。取り扱うと言っているのに、なぜにそんなにも書類を欲しがるのか、なぜそんなに急いでいるのか、販売先の人たちも不思議に思ったに違いない。そして、それらが合計で二千台に達したころ、私は丸山社長のもとに戻った。

どこかの資産家と今から出会う時間も、出会った人にゼロから説明する時間も、もう残っていない。今日にでも金型を発注しなければ、来年五月の出荷に間に合わないというタイミングだった。

これまで、多くの人に夢の扇風機の説明をしてきたが、その魅力をもっとも深く理解してくれている人は丸山社長だと感じていた。正面から、その可能性に賭けるしかない。

座るよりも早く、椅子を引きながら、銀行どうなった？　と訊いてきた丸山社長に、すいません、銀行には行ってません、と私が答えると。

なにい？

怒気を発しているようだった。当然だろう。しかしこちらも人生がかかっている。私はたたみかけた。

社長、その代わり、注文を取ってきました。全部で二千台分の注文です。この勝負、やったら勝てます。私も人生をかけています。絶対に成功させます。六千万円、立て替えてください！

しばらくの沈黙の間、私は頭を下げていたので見えなかったが、彼が目を閉じ、腕を組み、うつむく様子を感じた。そしてその後、しょうがねえ、やるしかないだろう、という低い声が聞こえた。

何を「やる」という意味だったのか。後に他の人から。あの時、丸山社長は取引のなかった銀行に口座を開き、このプロジェクトのための費用を借りたということを聞いた。社内の調整にも苦労したに違いない。かなり際どいことをやったのではないか。彼にとっても賭けだったのだ。

こうして六千万円の立て替えが決まった時、丸山社長の対面に座っていた私は小銭で六百円しか持っていなかった。ギリギリで、手段を選ばずと言われてもおかしくない方法で、六千万円の資金を確保して自分の事務所にもどると、さすがに長いため息が出た。そしてジーンズのポケットの中にあるのは、たったの百五十円だ。モーター会社がある神田から、当時の事務所があった東小金井まで、電車代が四百五十円かかったからだ。

この先も怒濤の日々だった。モーター会社の中国の工場で金型が起工されることになり、技術の打ち合わせに現地に何度も行き、販売先を広げようと訪ね歩き、キャッチコピーや説明文を考え、ウェブページやカタログの準備を始めた。いつ寝たのか、寝なかったのかも憶えていない。ただ、人間、本気になれば、ここまで働けるものなんだと、我ながら驚いた記憶がある。

計算してみると、立て替えてもらった金型代と、試作品のために丸山社長に出してもらった費用、これらをきれいに返すためには、グリーンファンを六千台売る必要があることが分かった。

製品発表会というものをやりたいと思った。とにかく、製品を有名にしなければならない。製品発表会など本来は、会場代、人件費、その準備で恐ろしいくらいの経費がかかり、当時の私たちが開催できるようなものではなかった。

すると今度は、知人の紹介で出会った家具ブランドの社長が、自分の店を使って発表会を開催したらどうかと言ってくれた。六本木のミッドタウンにある広い店舗を自由に使って良いという。開催のために必要な人員も自分の会社から出そう、自社で持っているマスメディアのリストも使って招待状も出そう、必要な経費もとりあえず、こちらで出しておこう、とまで言ってくれた。

なぜ、そんなにも親切にしてくれるんですか？　と私が尋ねると、こんなに本気な人を見たのは初めてだからだ、という答えだった。

当時、出会った何人かの人たちは、必死になって人生を切り開こうとしている私を見て、助けてくれた。丸山社長はもとより、先駆けて発注をしてくれた人たち、金を貸してくれた人たち、発表会を開催させてくれた社長、もう何人もの人を巻き込んでしまった。彼らの期待に、応えなければならない。

二千台分の内示書はあるものの、話をできる販売先をすべてまわった後の数字なのだ。残りの四千台をどうやって売ればいいのだろうか。合計三人のバルミューダでは、この商品を売るのも宣伝するのも、私ひとりの腕にかかっている。

内示の二千台だって、実際に出荷が約束されたものではない。家電量販店に販売してもらうしかないと思った。しかし、当然ながらこれまで取引はない。バルミューダという聞いたこともない会社から電話がかかってきて、通常の十倍もする高い扇風機を扱ってくださいと言われても、彼らは相手にもしないだろう。だいたいが、一軒一軒の門を訪ね歩いていたら、夏が終わってしまう。

考えた挙句、テレビで有名にするしかないという結論にたどり着いた。本来、一人では売れない量を売ろうとしているのだ。常識的なやり方では、突破できないと思った。

当時、日本では「家電芸人」という言葉が流行っていた。お笑い芸人の人たちが、自分の好きな家電をテレビで紹介するバラエティー番組があり、毎回、視聴率も高いそうだ。ここでバルミューダの扇風機を紹介してもらったら、一軒一軒商談にまわるどころではない。夢の扇風機が日本中に紹介されるのだ。最高の営業活動になると思った。

とは言え、テレビ局に知り合いがいるわけではないので、その番組に出ている芸人さんに直接、扇風機を売り込むことにした。恥ずかしがったり、悩んだりしている時間はない。あの頃は思いついたことを、とにかく実行に移すしかなかった。グリーンファンの試作品が入ったトランクを引き、東京銀座にあった芸能事務所の玄関で芸人さんが戻ってくるのを待ち、直接話しかけた。

今、すっごい扇風機を持っています。見ていただけないですか？　歩きながらスタッフの人たちと慌ただしく話していた彼は、私のこの言葉に振り向き、興味を持ったようだった。部屋に入れてもらい、私はグリーンファンを組み立てながら、どのような特徴をもった扇風機なのかを手短に話し、風を浴びてもらった。

おお、いいねえ。本当に自然の風みたいだし、デザインもいいねえ。

好評だ。忙しい彼はその場を去り、あとは私とマネージャーさんとで話になった。ウチのタレントは確かに、あの番組に出ています。視聴率も取れている番組なので、そこで紹介すれば、効果もあるでしょう。ただ、タレントを動かすには報酬が必要です。テレビ番組での紹介は、本人が本当に気に入ったものとして紹介すれば良いでしょう。その代わりに、他にイベントに呼んでいただくとか、持っているコラムで執筆するので対価をいただくとか、そういったことは検討できますか？

当然のことだ。彼らは、本人や周りの努力で今日の地位とイメージを築き、いるだけで、話すだけで、経済効果を生み出す人々だ。ただ、当時のバルミューダにはとにかく金がなかった。

私は答えた。恥ずかしい話ですが、今の私の会社には本当に金がありません。ただ、この扇風機は、これまでとは全く違う価値と新しいデザインを持っています。価格も十倍、この五月に発売されたら、必ず話題になる商品です。その話題になる商品を、日本で初めて、御社の芸人さんがテレビで紹介することは、これもまた価値になるのではないでしょうか？　売れたら、報酬をお支払いすることができます。ぜひ、前向きにご検討をお願いします！

腕を組み、なかなか難しい話ですね、とマネージャーさんは言い、後日、連絡をしますということになった。二日後に連絡があり、芸人さんが番組で扇風機を紹介してくれることになったと言う。グリーンファンの風を浴びてもらったのは一瞬だったが、きっと、本当に気に入ってくれたのだ。

製品発表会は、二〇一〇年の四月一日、エイプリルフールに行われることに決まった。なぜこの日にしたかといえば、何となく嘘のような今回の話に、ふさわしい日取りだと思ったからだ。

嘘のように始まった話は、ついにここまで来た。一年半前、そこには何もなかったのに、工場では量産が開始されようとしていて、製品発表会まで開くことになっている。信じられない。

自分が発案者だったはずの夢は、周囲を巻き込み、その回転速度を上げ続け、最後には夢のオーナーよりも速く走り出した。自分も全力で走っているのに、追いつけないと感じた。足を踏み外せば、一気に、何か違う流れに身体が持っていかれそうな恐さを感じた。

これはマズイ、と怖気付きそうになったこともあったが、私だけは、それをしてはならないのだ。逃げることはもちろん、臆することさえ許されないと感じた。

うまく行くときも、行かないときも、どんなに恐くても、その中心に居続けなければならない。そして、責任を負わなければならない。なぜならば、自分の夢だからだ。そしてその夢に、人を乗せてしまったからだ。

それにしても、あの年のエイプリルフール付近の記憶は曖昧だ。起きたことは憶えているのだが、その数が多すぎて、どういう順番だったのかよく憶えていない。

グリーンファンの入庫を翌月に控え、販売先から実際の発注書が送られ始めた。あんなに鳴らなかったファックスは、大忙しだ。週ごとにコンテナで送られてくる数百台の扇風機を、販売先からの注文に割り振り、足りない分は次のコンテナの中から確保する。販売先ごとに様々なリクエストがあり、チャーター便を予約したり、数台だけ別の倉庫宛てに送る手配をしたりする。たまに入庫日が変更になったりすると、せっかく組んだパズルのような出荷表を最初から組み直すことになる。

やらなければならないことが山ほどあり、イライラするくらい忙しいのに、実は当時、この物流業務に一番時間を取られたかもしれない。作業は毎日、深夜までかかった。

まだ販売先は足りていない。テレビ番組は仕込み終わったが、これだけで良いのだろうかと心配になった私は、新聞社に連絡した。絶対に四月一日以前に情報を出さないことを約束してもらってから、扇風機の話をすると当日の朝刊に載せてくれることになった。

例のテレビ番組の収録の日。世界に一台しかないグリーンファンの試作品を宅配便で送ることはできないと思ったので、自分で持って行き、スタジオの横で組み立てをし、収録が終わるころにまた取りに行った。収録では、新しい扇風機を見た芸人さんたちが、おおいに盛り上がってくれたと言う。編集で落とされることはないでしょう、とディレクターの人は言う。

そして、この回の放映日は、四月一日に決まったと聞かされた。しかも、ゴールデンタイムに三時間の特番で放映されるという。製品発表会が行われている時間帯に、夢の扇風機が、日本中のお茶の間に笑顔と共に紹介されるのだ。これで何かが起こらないということがあるのだろうか？　話が沸点に近づいていると感じた。

製品発表会の前夜。商談を終えてから発表会場に向かうと、そこはいつものレイアウトが変更され、椅子が整然と並び、その前にステージらしきスペースができあがっていた。大きなディスプレイやステージを照らすスポットライト、スピーカーも設置されている。ピンマイクをワイシャツに付けて音声のテストをし、ついでだから軽くリハーサルをやってみようということになった。

巨大な画面にプレゼンテーションのスライドが映し出された。最初の一枚目は、バルミューダのロゴで、ここで私は登場し、挨拶をするのだ。その後、一連のスライドと共に製品のプレゼンテーションが展開されるのだが、私は、一言もしゃべれなかった。

客席に座っていた私の会社のスタッフや、会場作りを手伝ってくれたお店の人たちは、目の前で固まっている私を見て、驚いていた。発表会のプレゼンテーション向けのスライドは、一ヶ月前に作ったものだ。だいたい、この順番でいいだろうと、説明する内容を自然に並べた。

しかし、私はこれまで、スライドを使ったプレゼンテーションというものを、一度もしたことがなかったのだ。製品発表会というものも、もちろん初めてだったが、晴れ舞台、大きなディスプレイの前で堂々と話す自分を想像していた。一ヶ月あれば練習もできると思っていたのが、誤算だった。この一ヶ月、実際には、自分の発表会の練習に使える時間は、一分たりともなかった。

挨拶まではできるのだが、その次に何を話していいのか、まったく分からない。これまでに、グリーンファンの説明を何度となくしてきたが、思えば、いつも私は自由に話し、話す内容に合わせて資料を見せていた。自由が身上の私だ。スライドを使うということは、当然ながら話す順番が決まるということになる。その不自由さについていけなかった。

晴れ舞台の練習を、なぜ、してこなかったのだろう。その時間がなかったのは、誰よりも自分が知っているが、だったらなぜ二ヶ月前から準備をしなかったのか。なぜ、なんとかなるだろうと思ってしまったのか。これを前の日になって気づくなんて。痛恨だった。

いやあ、今日は疲れてるみたいです。解散しましょう。明日はよろしくお願いします。こわばった顔のまま、なるべく明るい声色で、そう言うのが精一杯だった。


家に帰ったのは午前一時ごろだったと思う。スライドの順番を暗記しようとしても、まったく頭に入らない。疲れているのだろう。頭も身体も。その上、混乱している。明日のことを考えなければいけないのに、思い浮かぶのはまったく別の事柄だった。

人生の大一番だと感じた。一年半前、夢の扇風機のアイディアは生まれたが、なぜあのアイディアが生まれたかと言えば、創業した会社がつぶれそうになっていたからだ。なぜ、会社を創業したかと言えば、音楽という夢が終わっても、情熱は終わらなかったからだ。その情熱の元は、スペインの旅や両親の教育から生まれたものだった。いや、教育からというより、彼らから受け継いだものなのかもしれない。

この一年半の自分の力のほとんどを使って、そして、これまで人生で覚えてきたことの全部を使って、誰にも頼まれていないのに、自分で勝負を挑んできた。自分の人生が一点に凝縮されつつある気がした。

製品発表会のプレゼンテーションが失敗に終わったところで、ビジネスそのものが終わるわけではない。できる限りの準備はしてきたし、むしろ、それらの準備のおかげでビジネスはうまくいくかもしれない。でも、私にとっては、それだけではダメなのだ。明日、輝かなければダメなのだ。

私は詩人で、歌を歌っていた。他の多くの人たちと、気持ちが一つになる瞬間というものがこの世界には、ある。たった一節の歌詞が、たった一言が、人々を感動させ、分かり合えなかった人たちとの共感を生み出すことがある。曲を作っていても、製品を作っていても、本当にやりたいのは、それだけだった。

審判の日を明日に控え、私は練習もできずに人生のことを考えている。時間もない。ここまで話を大きくしておいて、明日は大恥をかくのだろうか。十数時間後、大失敗をしている自分の姿しか思い浮かばなかった。

夜が明け、私は、泣きたいような気持ちで白んでいく空を見上げていた。今日まで、私は絶望というものをした憶えがないが、あの時の気持ちがそれに近いのかもしれない。

午前六時。携帯電話が鳴ったので、見てみると丸山社長からだった。一分程度の通話で、内容はあまり憶えていない。特に用事もなく、何でもない内容だった。今日は俺も行くからよ、と言う。日取りが決まった時から招待しているのだ。当たり前のことを彼は言っていた。

私はこれまで、あんなにもありがたくて、尊い電話を取ったことはない。電話口の向こうには聞こえなかったはずだ。私は声を押し殺して泣いた。悟られないように、短い返事をするのが精一杯だった。

丸山社長の声は気楽で、落ち着いていた。頑張れとも言わず、大丈夫かとも聞かなかった。用事のない短い電話は、私にはただ、大丈夫だから心配するな、という意味に聞こえていた。

不安に取り憑かれて一睡もできなかった明け方に。優しい人から、こんな電話がかかってきたら、ほとんどの人は感動するだろう。そして、安心するだろう。そうだ。ここまできたら、これ以上心配しても、仕方がないのだ。あとは、自分の現場での対応力を信じるしかないと思った。

それにしても、彼はいったいなぜ電話をかけてきたのだろうか。発表会の当日の明け方に、用事もないのに。丸山社長の野性の勘だったのだろうか。

発表会の朝になって、新たにテレビ番組の取材が入った。その日の朝刊。情報を先に出していた新聞には、小さかったが、バルミューダの扇風機の記事が写真付きで載っていた。それを見た経済番組のディレクターから連絡があり、今日取材して、今日放映したいと言う。願ったり叶ったりなのだが、発表会当日の取材には、まいった。

移動時間もないので、取材場所は発表会の会場。会場の最後の設営準備がされる中、私はカメラの前でグリーンファンの特徴を話し、開発の経緯を語っていた。リポーターの人に風を体験してもらい、作り笑いで相づちを打つ。こうしている間にも、本番の時間が迫っているのだ。気が気でなかった。

一時間程度で終わると聞いていた取材は三時間を超え、取材が終わってみると、発表会開始まで一時間を残すのみだ。現場で最後の、というか、最初の練習をしようと思っていたのだが、それもできなくなり、三十分後には、お客さんが入ってくる。

私は一人になりたくて、地下の駐車場に停めてあった自分の車に戻って、深呼吸をした。七万円で買った、紺色の小さな中古車だ。この車で、あのファミリーレストランの角を何度、左折したのだろう。昨夜と同じで、頭の中にいろいろな思いが去来して、何かを集中して考えることができない。

ノートパソコンを開いてカレンダーを見直してみた。今まで、この扇風機の説明を何回してきたのだろうか、と思ったからだ。商談だけで、五十六回あった。資金調達のためにしたプレゼンも含めると、百回以上は話してきたはずだ。百回もしてきたことが、できないはずがない。

厄介なのは、スライドを使うということなのだ。今も、順番が覚えられていない。助手席を見ると、昨日の夜の帰り道に、スライドに合わせたセリフを殴り書きした紙が落ちていた。この読めないほどに汚い字は、本当に自分が書いたのだろうか。

もう無理だ。数十分後のプレゼンテーションで、私がスライドに合わせて説明することはできない。スライドの方を、自分に合わせるしかない。

こうして直前になって、準備されていたスライドは解体されて、私の話を聞きながら、スタッフがそれに合わせた画像をスクリーンに表示させることになった。当然、うまくつながらない箇所もあるので、その時は、いちいちバルミューダのロゴが表示される。お客さんも見にくいだろうし、何よりスタッフが大変だっただろう。

この件を伝えてから会場を見ると、もう満席だ。後から聞くと、二百人くらいの人たちが来てくれたと言う。そのほとんどが面識のないマスメディアの人たちだ。椅子は八十席しか用意していなかったので、立ち見の人の方が多い。発表会自体の宣伝も、うまくいったようだ。

最後列に丸山社長の姿が見えたので、私はそばに行って、二、三、言葉を交わした。あの時、何を話したのか、まったく憶えていない。

客席の照明が落とされ、ステージだけが照らされた。大きな画面にはバルミューダのロゴが表示され、イントロダクションのために用意した、Ｕ２の曲が大音量で鳴り始めた。これが終わったら、私は、あそこに出ていかなければならない。

舞台の袖に立った時、私は出て行きたくないと思った。身体がそれを嫌がっていた。それでも、行くのは、勇気とかそんなものではない。責任だ。

自分が、どんなに恥ずかしい思いをしようが、そんなことは関係ない。嫌でも、やるのが仕事なんだ。だいたい、現場での自分の力を信じようとしたじゃないか。もう、考えるのをやめるんだ。扇風機のことだけを考えて、集中しなければ。

曲が終わり、気持ちも、身体も、頭も、全部がうわずったまま、私はステージの真ん中まで歩いた。そして、振り返って客席を見たとき。

私は、声をあげそうになった。なつかしかったからだ。なんだ。ここだったのか。ここのことなら、よく知っている。

眩しいスポットライトがこちらを照らしている。その向こうの、暗くなった客席にはたくさんの人が座り、立ち見の人もいて、そのみんながこちらを見ていた。

そこは、音楽時代、嫌というほどに立ってきたステージだった。悩み、苦しみ、楽しいこともあった、あのステージだった。

どう立ち振る舞えばいいのか、とてもよく知っている馴染みの場所だ。腹に力が入り、背中が熱くなった。地に足も着いている。大丈夫だと感じた。ここで話せというなら、何時間だって話そう。だいたい、今日お披露目するのは、夢の扇風機なのだ。これまで歌ってきたどの歌よりも、自信がある。私は、我を忘れて話した。

プレゼンテーションの終盤。グリーンファンの風の流れを目で見えるように工夫したムービーが流された。これは、発表会の二週間ほど前に、カメラマンのスタジオに扇風機の試作品と演劇舞台用のスモークマシーンを持ち込み、苦労して撮影したものだ。

本来、目に見えないはずの風なのだが、スモークマシーンの煙を使うことで、その流れがはっきりと見えた。これを短いムービーにまとめて、今日のプレゼンテーションの山場で流そうと、準備をしてきたものだった。

暗転したステージの巨大な画面に、羽根が回転するグリーンファンが真横から映し出された。スローモーションなので、羽根の回転が目で見えるほどだ。大きな音でT.REXの「20th Century Boy」のイントロが流れ出す。不穏で、不敬なギターの音。大人の言うことなんか関係ねえ、とでも言いたげなサウンドだ。

ギターリフが始まり、次の五小節目からドラムとコーラスが入ってくる。この間、画面の中では、スモークマシーンの白い煙がグリーンファンの中に吸い込まれて行き、その後、前方に向かって風が流れ出していた。流れ出した風は、最初はまったく広がらず、え？と思うくらい、狭い範囲に集まっていく。

そして九小節目、マーク・ボランのボーカルインと同時に、集中してぶつかった風は驚くほどに広がり始める。その広がりの大きさを収めようと、カメラはズームアウトしていくのだが、それでも間に合わずに、グリーンファンの風は画面の外まで広がっていった。

あの時、会場から、おおお、という声が聞こえたのは私の気のせいだっただろうか。しかし、スクリーンを見る人たちの目は、確かに輝いていた。それを見た時、私は、「成った」と思った。

エイプリルフールの次の日。会社の電話は鳴り止まなかった。そのすべてが、昨日テレビで紹介されていた扇風機を当社でも扱いたいという内容だ。商談に行きたいと思っていたすべての家電量販店からも電話がかかってきた。

私が製品発表会で悪戦苦闘していたころ、時を同じくして家電芸人の人たちがグリーンファンの紹介を日本中に向けてしてくれていた。そして夜十一時からの経済番組でも、グリーンファンが紹介された。この二つのテレビ番組が呼び水となり、その後もテレビや雑誌、ウェブなど、多くのメディアに取り上げられることになった。

結局その年、グリーンファンは、一万二千台が売れた。目標の倍だ。丸山社長に立て替えてもらった金は、その年のうちに全て返すことができて、それどころか、グリーンファンは、その後数年のモーター会社の売り上げ、利益に大きく貢献することになった。リーマンショックの後、放っておいたら激減するはずだった売り上げを確保するどころか、魔法のように伸ばしてみせた丸山社長は、会社の中では英雄に見えたに違いない。

人生は、切り開くことができる。いつでも、誰でも、その可能性を持っている。自分では何も変えられないという考えは間違いだ。どんなに不利な状況も、逆転できないとは限らない。できない時もあるが、できる時もある。そして私の場合、それができたのは、人生そのものを賭けた時だった。

終章　その後

その後どうなったかって？　バルミューダという会社は、まだある。

有限会社バルミューダデザインは、バルミューダ株式会社に名称変更をして、当時、三人だった従業員数は、今は六十名を超えた。

扇風機グリーンファンはその後も良く売れて、これまでに数十万台を出荷した。倒産寸前だった二〇〇九年、四千五百万円だったバルミューダの年商は翌年には二億五千万円になり、その次の年は八億四千万円。これはグリーンファンという一台の扇風機だけで作り出した金額だった。

その後、空気清浄機や加湿器、ヒーターなどを発売し、海外販売も始めた。二〇一六年の売上高は五十億円を超えた。

グリーンファンを発売して、この七年の間に、売上高は百倍になったことになる。こう書くと、順当に成長してきたように思われるかもしれないが、内実は決してそうではなかった。順当や順調とは程遠い、荒れた海を、いつもいつも渡ってきた。中には、倒産寸前だったあの頃よりもキツいと感じる時期もあった。あれくらいのピンチは何度もあったし、むしろ規模が大きい分、苦しくなったと思う。

調子にのって季節家電の種類を増やしていくと、季節ものゆえの在庫リスクに直面した。恐ろしいほどの在庫が倉庫に積み上がり、手元の現金が無くなった。グリーンファンの成功体験は、良いものは必ず売れるだろうという勘違いを私にさせた。そうではない。やはり、それがいくらで手に入るかということも、とても大事なのだ。

世界最高の製品を作ろうとしていたら、どんどん原価が高くなり、気がつくと手持ちの商品全てが原価高で収益性がないものになってしまった。

高すぎる製品原価と、多すぎる在庫、これらに加えて急激な円安が直撃した二〇一四年前後は、本当に危なかった。

試算をしてみると、再来月の銀行残高が不足する。放っておくと倒産するので、できる限りの手当てをするのだが、これが終わるとその次の月の残高が危なくなるのだ。

その後もなんとかして、しのいだのだが、数年にわたって危機的な状況に陥っていた会社を救ったのは、またしても、たった一つの製品だった。今度はトースターだ。世界一のトーストを食べたい、食べられるはずだ、という思いで作ったこの製品だったが、これはグリーンファンを大きく超えるヒットになった。これがなかったら、おそらく会社は倒れていただろう。感覚的には、少なくとも半年に一度くらい、良くも悪くも一大事が起きる。海は今日も、大荒れだ。

安住や安定。とても魅力的な響きだが、きっとそれはこの世にはない。苦しみつつ、なお働け、なのだ。

ともかくも、素人が一人で創業した会社は、十五年目を迎えて、成長を続けている。これを人は、成功と呼ぶのだろうか。

成功かどうかは分からないが、はっきりと分かっていることがある。それは、自分の夢が、まだかなっていないということだ。まだ夢のやぐらを組むための基礎を作っている最中だ。

私が憧れた人たち、あのロックスターたちは、見渡す限りの観衆の前で歌っていた。彼らは、その場にいるたくさんの人たちと、同じ気持ちになる瞬間を作り出していた。

おれ、こう思うんだけどさ。　え？　わたしもだよ！　他の誰かと、こんなふうにして気持ちを同じくできることを共感と呼ぶ。人生を生きる中で、共感ほどすばらしい体験は他にないだろう。それは親しみを生み、友情や恋を紡ぎ出し、やがては愛を形成する、私たちにとってとても重要なものだ。

そしてロックスターたちの歌は、本人から遠く離れた見知らぬ街かどで、孤独な少年少女の部屋で、カーラジオで、いたる所で鳴り響き、知らない誰かの気分を変えたり、感動させたりしていた。ああいうことをしたい。

テクノロジーの会社を経営していてそんなことができるのだろうか。できないとは限らない。それをしたくて、それをするために、今はまだここには書けない未来の製品の研究や開発も行っている。

見込みが当たれば、バルミューダという会社は、その歌を鳴り響かせるために世界に羽ばたいていくだろう。

そんな仕事の合間を縫って。約一年をかけて、この本を書き進めてきた。文豪になろうとしていたのは、今は昔。腕がなまったのだろうか、とても難しかった。一冊分の量の文章を書くのも、初めての経験だった。

途中、面倒になることもあって、やめようかとも思ったが、なんとかこうして最後の章を書いているのは、やはり楽しかったからだ。

特に、父と母のことを、こんなに思い出せたのは良かった。記憶が記憶を呼び、今回のような機会がなければ、死ぬまで思い出さなかっただろうという場面もあった。閉じたまぶたの裏で繰り広げられる原色の場面は、温かくて、悲しくて、なつかしかった。書けば書くほど、自分が彼ら二人の子であることを、しみじみと感じた。無茶で情熱的。私にとっては、やっぱり偉大な人たちだ。

彼らが私に与えてくれたほどの感動を、私は息子たちに与えることができるのだろうか。彼らが教えてくれたような素晴らしい教えを、伝えることができるのだろうか。

あの日、成田で。荒野を目指せと言われて歩き始めた道を、私はいまだに歩いているのだと思う。会社や帰る家、住民票もあるが、真の定住地を持たずに今も生きている。そして、それが恐いことだと思わない。

夢は、どんな場所からでも見ることができるし、どんな場所からでも近づくことができるからだ。


頃合いだろう。この話の続きは、機会があれば、数十年後に書くのかもしれない。しかし今は、それどころではない。続きを生き抜いていかなければならない。


腹がへった。そろそろ朝食の時間だ。今朝はハムエッグ定食にしようと決めていた。

フライパンには、油を少し多めに入れよう。ふちが揚がるほどに仕上げた目玉焼きと、表面だけをさっと焦がしたロースハム。あとは簡単な具の味噌汁と、炊きたてのご飯を用意すれば、世界の素晴らしさを体験できるだろう。

目玉焼きは半熟に仕上げて、白コショウを振り、皿に盛ったら黄身をくずそう。そこに醤油をたらして、焼けたハムを浸ける。そしてこれらを、よそったばかりの、湯気がたっているご飯にのせて食べるのだ。さあ、準備を始めなければ。

それでは、みなさん。良い旅を。

本書は書下ろしです

行《い》こう、どこにもなかった方法《ほうほう》で

二〇一七年四月二〇日　発行

著者／寺《てら》尾《お》玄《げん》

発行者／佐藤隆信

発行所／株式会社新潮社

郵便番号一六二―八七一一

東京都新宿区矢来町七一

電話　編集部（03）三二六六―五六一一
読者係（03）三二六六―五一一一

http://www.shinchosha.co.jp

印刷所　株式会社光邦

製本所　大口製本印刷株式会社

乱丁・落丁本は、ご面倒ですが小社読者係宛お送りください。送料小社負担にてお取替えいたします。

価格はカバーに表示してあります。

ISBN978-4-10-350941-7 C0030

JASRAC 出 1703655-701